秋香老師 養身書 01

懷孕食補料理

林秋香◆著　廖家威◆攝影

讓藥膳陪妳走過重要時刻

秋香小姐追隨筆者修習《本草備要》、《名醫方論》、《內經》等幾門課程,在師生關係的互動裡,筆者深知秋香小姐的勤勉好學。十餘年來,秋香小姐學以致用,用心推廣藥膳料理,無論在餐飲界、媒體或出版界都有出色的成績。筆者屢次獲得機會為秋香小姐的著作寫推薦序,除了深以為榮,更為她的全力投入而感動。

現代人的生活步調太快,以至於很多人沒有耐心接受漢方醫學溫和、漸進式的調理過程,總是半途而廢。反倒是女性朋友們從懷孕、生產到坐月子這段期間,比較能用時間去爭取空間,給自己和漢方醫藥一個機會。

對女性朋友來說,人生有三次改善體質的良機:初經、生產和停經。初經和停經發生的時間大多不是人為決定,然而從懷孕到生產的時程卻能為人所規劃。若能從獲知懷孕那刻起,依照個人體質和節候變化,妥善地安排正確的調養方法,循序漸進,非但有助於個人體質的改善,更能兼顧胎兒的健康。

秋香小姐有鑑於此,繼《性本膳》提供夫妻保養要訣,以增進閨房情趣並提升受孕能力之後,更進一步針對女性朋友們的需求,設計出適合懷孕和坐月子的藥膳料理。這兩本書各提供八十道佳肴,菜色內容包含魚、肉、蛋、奶、蔬菜,兼顧口感與營養,並說明進補的目的,非常具有實用價值,全書圖文並茂,充滿年輕而大眾化的風格,相信能提高不少年輕一輩對藥膳的接受度。希望讀者身體力行後,能有所獲。

中醫師

張步桃

健康，就很幸福！

從前的人說：「生贏雞酒香；生輸四塊板。」如今，拜醫學發達之賜，難產的悲劇慢慢減少。同時，現代人的營養過剩，能順利產下兒子或女兒的產婦，需要的已不再是大補特補的犒賞，反而是如何調理身體以恢復產前的健康與窈窕。古今的人，看待懷孕、生產與坐月子，似乎有不同的定論。但相同的是，無論是從前或現在，對女人來說，懷孕與生產都是人生裡的一道重要關卡——非但個人生涯、作息即將改變，更是體驗身體的微妙變化、調整個人體質的關鍵時刻。

我們常聽老人家善意地傳授懷孕、生產、坐月子如何地重要，但是，老人家口耳相傳的祕方卻未必有具體根據，甚至有時候還有點不近人情，試想：若按照有些老人家的說法，坐月子期間非但滴水不沾，而且不能洗頭、洗澡，在台灣這麼悶熱難耐的氣候下，應該會孳生細菌而奇癢難耐，又能如何保持愉快的心情呢？所以，我覺得對於古人的智慧應該要去蕪存菁。

從追隨恩師張步桃先生的醫學理念以來，這十幾年裡，我在藥膳方面下了許多工夫，並且不斷地努力推廣。我認為，藥膳的調理應從日常的飲食習慣著手，改善個人體質因先天不足與後天失調引起的一些症狀；然而藥膳並不是讓人卻步的「良藥苦口」，而是簡便、經濟、可口、有效的養生方法，吃藥膳也可以同時享口福哦！

從懷孕到坐月子大約有十個多月的時間，這段時間，因為攸關媽媽和寶寶的健康，讓更多的人願意用中醫的溫和調理方法來照顧及改善身體。我建議每個女人都應該好好把握這段時期，讓自己的體質有重生的機會，只要依循個人體質正確調養，就能輕輕鬆鬆吃出健康和美麗。就像有句廣告詞說的：「撐過一時，也要健康一輩子！」

經常有朋友或客人會誇我好幸福、好美麗，看不出我有半百的年紀了，更羨慕我的好膚色。其實，要健康才會快樂，要快樂才能感覺幸福。兩位高大英俊、IQ和EQ超棒的兒子，和一位漂亮得令我嫉妒的女兒，以及呵護我的老公，都是我幸福的泉源。這些，正是我平常用心地善用食物與藥膳照顧全家人所得到的收穫。有健康的身體才是幸福，更是快樂與滿足。甚至朋友和鄰居都說，連我家的兩隻寶貝犬都吃藥膳吃得很健康又快樂呢。基於這樣的心情，我和積木文化的工作夥伴們決定把它們化為具體的文字和食譜，好讓從懷孕到坐月子的女性朋友們更容易安排自己的健康與幸福。

我要感謝恩師張步桃先生的教導、家人長期以來的支持、恩承居工作夥伴的配合，以及每個身體力行食用我的藥膳的朋友們。當然，每一本書的誕生都是經由許多人貢獻心力而成，在此也謝謝積木文化的專業團隊。最後，希望透過這兩本書能夠讓女性朋友更有信心把自己改善體質的機會交給飲食與藥膳來調理。

林秋香

目錄

本書使用說明

1. 本書所使用的計量單位為：1大匙為15cc、1小匙是5cc、1杯為240cc。

2. 每道食譜均標示主要調理功效，讀者可依懷孕期間之身體狀況，挑選最適合自己的料理搭配食用。

3. 材料均有標示份量參考，例如「1餐份」表示「1人1餐份」、「2餐份」表示「1人2餐份」。由於本書
   之菜色多屬「溫補」，一般人亦可食用，因此可與家人共享。

健康，吃得出來！

我常覺得，現代人的飲食狀況是「不患寡而患不均」。無論是外食、偏食、節食或暴飲暴食，都容易吃得不夠健康。當然，我也相信，大部分的女人，從得知懷孕的那刻起，就會散發母愛，為了胎兒著想，孕婦必須比平常更注重自己的飲食。

所有的人都同意「適當運動、吃得正確、充分休息」是健康孕期的三大要素。健康，真的吃得出來！

許多懷了第一胎的準媽媽，因為自己身體變化產生的陌生感，而變得小心翼翼，甚至採取「寧可信其有」的態度，來面對各種迷思和禁忌。以飲食為例，許多似是而非的說法，例如：不能吃薏仁（怕流產）、不能吃木瓜（怕胎兒黃疸）、不能吃海鮮（怕過敏）、不能吃……，其實，限制太多，營養反而不容易均衡。

坊間傳說「薏仁造成流產」的說法，我要加以補充：並非完全不能吃薏仁，而是每日食用超過二至三兩以上的薏仁才有可能造成流產，這是因為薏仁根部含有薏仁醇，這種成分會產生活血、化瘀、通經的效果，能掃除外來細胞（例如腫瘤）的增生，而有些人把胚胎也視為外來細胞，所以禁食薏仁。然而，以我自己懷第一胎為例，為了避免尿道炎，當時就常食用薏仁，薏仁在漢方醫學裡有利尿功效，適度食用，能緩和懷孕期間的水腫。至於食用木瓜非但能幫助母體預防便祕、痔瘡之外，更能讓胎兒的皮膚變漂亮，黃疸之說，是以訛傳訛。

至於，能否食用海鮮，爭議頗多，然而會造成有過敏體質的人皮膚過敏，最大原因是誤食不新鮮的海鮮。過敏體質來自遺傳，和飲食之間的關係在於食材的新鮮度，和懷孕期間食用海鮮與否並無必然關係。妳不妨仔細觀察，有過敏體質的爸爸就有可能生出過敏寶寶。何況，過敏的類型也很多種，例如：鼻子過敏是濕氣、塵蟎等環境過敏原所引起的，把責任推給食用海鮮與否，更是有點冤枉。況且多種海鮮是優質蛋白質的食物，熱量低，反而不會造成身材走樣呢！

我希望能給讀者一個觀念：最健康的飲食概念，就是「均衡」兩個字。每個人的體質不同，盲目地禁食某些食物，實在沒有必要。除非個人有特殊症狀或疾病，例如：氣喘、心臟病、高血壓、糖尿病等，就必須請專業醫師診斷、請營養師設定飲食內容，否則，就應該吃得均衡、吃得健康。

懷孕期間，媽媽除了要應付自身所需之外，還要提供胎兒各種發育成長的養分，所以懷孕期間的飲食格外重要。在均衡飲食的前提下，不妨依自己的體質，適量補充額外需要的營養。

簡易體質檢測法

前往門診請專業醫師診斷個人體質，結果當然比較準確，但是，請妳不妨試著從身體外顯的症狀，初步判斷出自己的體質類別，方便日常飲食生活裡更能吃出幸福與健康。

體質自我評量表

寒證體質		熱證體質	

寒證體質

〔　〕四肢冰冷
〔　〕畏寒、喜熱飲
〔　〕咳嗽、痰涎多清稀
〔　〕頭昏
〔　〕呼吸短促
〔　〕臉色蒼白
〔　〕全身乏力
〔　〕大便稀薄
〔　〕小便清長
〔　〕白帶色白量多
〔　〕經期延後
〔　〕腹痛
〔　〕貧血

熱證體質

實熱型

〔　〕口乾口苦
〔　〕喉痛
〔　〕眼屎多
〔　〕煩躁易怒
〔　〕口臭
〔　〕扁桃腺發炎
〔　〕便祕
〔　〕尿道炎
〔　〕睡眠不安穩
〔　〕皮膚病

虛熱型

〔　〕口乾
〔　〕口水黏稠
〔　〕喉痛
〔　〕體溫上升
〔　〕手足煩熱
〔　〕五心煩熱
〔　〕潮熱
〔　〕舌紅

虛證體質		實證體質

虛證體質

氣虛型

〔　〕臉色蒼白偏黃　　〔　〕夜尿多
〔　〕精神不振　　　　〔　〕尿失禁
〔　〕體力不足　　　　〔　〕脫肛
〔　〕肢體不溫　　　　〔　〕子宮下垂
〔　〕講話有聲無力　　〔　〕容易流產
〔　〕心悸
〔　〕容易喘促
〔　〕容易出汗
〔　〕呼吸氣短
〔　〕排便不順
〔　〕食欲不振

血虛型

〔　〕臉色蒼白
〔　〕頭暈
〔　〕眼花
〔　〕耳鳴
〔　〕眼睛乾澀
〔　〕低血壓
〔　〕容易抽筋
〔　〕肢體麻木
〔　〕血液循環不良
〔　〕貧血
〔　〕經期量少

實證體質

〔　〕精神亢奮
〔　〕體力充足
〔　〕容易煩躁失眠
〔　〕體格壯碩
〔　〕眼紅
〔　〕面紅
〔　〕血壓高
〔　〕容易流鼻血
〔　〕容易渴且喜喝冷飲
〔　〕痔瘡
〔　〕尿頻、尿痛

陽虛型

〔　〕有氣虛型的症狀
〔　〕倦怠無力
〔　〕四肢冰冷
〔　〕畏寒
〔　〕喜喝熱飲
〔　〕胸悶胸痛
〔　〕時常腹瀉
〔　〕大量掉髮
〔　〕筋骨痠痛
〔　〕腰膝無力
〔　〕白帶清稀
〔　〕尿多色清
〔　〕腹鳴
〔　〕水腫
〔　〕經期量多色淡

陰虛型

〔　〕手足心熱
〔　〕口乾舌燥
〔　〕乾咳無痰
〔　〕不喜歡喝水
〔　〕心煩易怒
〔　〕臉紅
〔　〕盜汗
〔　〕失眠
〔　〕視力減退
〔　〕容易掉髮
〔　〕身體消瘦
〔　〕皮膚乾燥

備註

1. 寒證體質俗稱「冷底」。

2. 熱證體質俗稱「火氣大」。實熱型宜避免食用過多的煎炸、辛辣的食物；虛熱型則不宜食用人參、鹿茸、雞精等。

3. 請注意：這份自我辨別體質的簡易表，只能做初步判別，因為人的體質極為複雜，即使臨床診斷也不一定能精準診斷出寒、熱、虛、實的體質，往往都是虛實交雜。以婦女為例，懷孕期間因為有胎兒的負擔，體質通常偏熱；坐月子時，因為生產時的消耗和身體恢復期的需要，體質稍偏寒，因此應該循序漸進，慢慢地從平補、溫補到熱補，依序調理身體。

各類體質適合食物

體質類型	適合食物
寒證體質	薑、肉桂、人參、川芎、當歸、羊肉、胡椒、香菜、芹菜、桂圓、薑母鴨、麻油雞、十全大補、四物湯等。
熱證體質‧實熱型	甘蔗、生地、薏仁、椰子、玄參、瓜果類、牡丹皮、白蘿蔔、金銀花、白菜、菊花、絲瓜、連翹等。
熱證體質‧虛熱型	合歡飲、麥門冬、牛蒡子、生地、玉竹、石斛、旱蓮草、玄參、地骨皮等。
虛證體質‧氣虛型	人參、黨參、黃芪、山藥、白朮、紅棗、黑棗、黃精、炙甘草、肉蓯蓉、茨實、杜仲、冬蟲夏草、鎖陽、淫羊藿、胡桃、韭菜、核桃等。
虛證體質‧血虛型	桂圓、西洋參、桑寄生、芝麻、黑豆、當歸、丹參、沙苑子、菟絲子、熟地、何首烏、白芍、阿膠、枸杞子、桑椹、茯苓、桂枝、四物湯等。
虛證體質‧陽虛型	鹿茸、蛤蚧、巴戟天、淫羊藿、冬蟲夏草、鎖陽、杜仲、胡桃、沙苑子、菟絲子、韭菜、狗脊、人參、茯苓、山藥、茨實、肉桂、桂枝、茱萸肉、羊肉、牛肉、四君子湯、十全大補等。
虛證體質‧陰虛型	西洋參、北沙參、天門冬、麥門冬、石斛、玉竹、百合、牡丹皮、桑寄生、枸杞、何首烏、阿膠、黑芝麻、女真子、黑豆、桑椹、茯苓、蓮子、黃豆等。
實證體質	決明子、菊花、蘆薈、蓮子心、山楂、酸棗仁、蓮藕、瓜果類、甘蔗、椰子汁、火龍果、白蘿蔔、白菜、牡蠣、馬蹄、海藻、綠豆、海蜇皮等。

六大類食物不能偏廢

　　生男、生女，都不如生個健康寶寶來得重要！懷孕期間，胎兒的發育和成長都必須透過母體獲得營養，所以，準媽媽必須拋開瘦身迷思，以健康為原則，每天均衡攝取六大類食物，並在各類食物加以變化，使營養素之間能互相作用，提供給寶寶一個健康的體質。無論是六大類食物裡的哪一種，每種食物所含的營養素種類和多寡都不同，所以必須廣泛攝取各種食物，不能偏食，使身體能獲得足夠的營養素和熱量。懷孕期間有「一人吃兩人補」之說，並非毫無顧忌地亂進補，而是均衡飲食，使母體和胎兒都獲益。

　　依行政院衛生署所提供的國人營養需求，試將六大類食物與營養成分的關係，列為表格：

六大類食物	營養成分	食物來源	懷孕期間需求
五穀根莖類	主要提供醣類及部分蛋白質。全穀物類則含有維生素B群及豐富的膳食纖維。	米飯、麵食、麵條、麵包、饅頭等。	正常成人每天需要3～6碗，因每個人的體型和活動量不同，所需熱量也不同，依個人需求酌量調整。懷孕期間每天多1/2碗。
奶類	主要提供蛋白質及鈣質。	牛奶、乳酪、優酪乳等。	正常成人人每天1～2杯。每杯約240cc。懷孕期間每天多1杯。
蛋豆魚肉類	主要提供蛋白質。	雞蛋、鴨蛋、黃豆、豆腐、豆漿、豆製品、魚類、蝦類、貝類、海鮮類、豬肉、牛肉、雞肉、鴨肉等。	正常成人每天4份。每份相當於蛋1個或豆腐1塊或魚類1兩或肉類1兩。
蔬菜類	主要提供維生素、礦物質及膳食纖維。深綠、深黃蔬菜的維生素及礦物質比淺色蔬菜更多。	菠菜、青江菜、白菜、芥菜、高麗菜等各種蔬菜。	正常成人每天3碟，至少1碟為深綠色或深黃色蔬菜。每碟分量約100公克，3碟即300公克（相當於半斤）。懷孕期間每天多1/2碟。
水果類	主要提供維生素、礦物質及部分醣類。	番石榴、蘋果、柳丁、奇異果等各種水果。	正常成人每天2個。
油脂類	主要提供脂質。	烹調用油，例如：沙拉油、橄欖油、花生油、豬油等。	正常成人每天2～3湯匙，每湯匙約15公克。飲食中已攝取部分動物性油脂，所以炒菜用油最好選擇植物性油。

懷孕各期的營養需求與注意事項

任何營養素都是相輔相成的,無法靠單一養分補給身體所需。所以,我總是不斷重複一個概念:「飲食均衡」。懷孕期間,除了因為體質或身體疾病等特殊需求之外,最重要的還是將營養平均分配於各餐之中,攝取均衡的飲食。

整個懷孕期間,都須注意的營養需求:

1.鈣質:須有足夠的鈣質,以滿足母體的需要以及胎兒的發育、成長。富含鈣質的食物,如:牛奶、乳酪、麥片、黑芝麻、小魚乾、黃豆製品等。

2.維生素:多食用各種蔬菜和水果,以補充足夠的各種維生素。例如:柳橙、番石榴、奇異果、木瓜,含有豐富的維生素C;深綠色或深黃色蔬菜、水果,含有豐富的維生素A。

3.膳食纖維:攝取適量的膳食纖維能預防便祕,維持漂亮的膚質。例如:雜糧飯、地瓜、芹菜、深綠色蔬菜以及蘋果等水果,含有豐富的膳食纖維。

4.水:適量喝水能促進新陳代謝,維持體內平衡,並使氣色看起來更好。除了開水之外,亦選擇適合的茶飲或在開水裡滴入少許檸檬汁,並食用新鮮水果。

此外,試將各個孕期需特別強調或注意的事項,列為表格,供讀者參考:

孕期	營養需求	避免食用的食材	備註
初期一至三個月	懷孕初期,體重約增加1～2公斤。只要飲食均衡,無需額外增加熱量,每天多攝取2公克的蛋白質(以動物性為佳,例如:蛋、奶、魚、肉等;其次為豆製品),並多食用綠色蔬菜及五穀類,補充胎兒神經發育所需的葉酸。	避免食用韭菜、螃蟹(催產下胎)、生魚片或生牛肉等未經煮熟的蛋白質類(以免誤食寄生蟲)、冰品(易引起子宮收縮及腸胃不適,若少量冰淇淋則可食用)、酒(易造成胎兒缺陷)、菸(易引起胎兒生長遲滯、造成母體高血壓)等食材;而咖啡和茶則不宜太濃或過量,並少用含糖量過高的飲料。	減少孕吐的方法: 1.於晨間醒來時,先食用五穀類,例如:饅頭、蘇打餅乾。再下床或刷牙。 2.宜少量多餐,並於兩餐之間適量補充水分或液體食物。 3.選擇低脂肪(並非零脂肪)、無刺激性的食物。 4.若情況嚴重者,請醫師開立維生素B6或綜合營養素。
中期四至六個月	從懷孕4個月起,隨著胎兒成長及母體變化,體重每週約增加0.5公斤,整個孕期總共增加10～14公斤。每天多攝取300大卡的熱量、6公克的蛋白質。	避免食用泡麵等添加防腐劑或抗氧化劑的食物,以免對母體和胎兒造成負擔。油炸或太過油膩的食物容易造成母體肥胖且養分不均衡,宜盡量少吃。此外,過度精製的食物容易造成葉酸的流失,而導致流產或胎兒營養不良。	飲食注意事項: 1.每天喝2杯牛奶(或優酪乳和豆漿)、多食用豆製品(例如:豆腐、豆干)、小魚乾,補充懷孕所需的鈣質。 2.適量食用蔬菜、水果和五穀雜糧,以充分攝取各種維生素、礦物質和膳食纖維。 3.適量喝水、攝取膳食纖維、生活作息保持規律、配合適度的運動,以減緩便祕的發生。
後期七個月至生產	每天多攝取300大卡的熱量。懷孕後期,準媽媽需補充30～50毫克的鐵質,彌補懷孕和分娩時的失血,以防貧血,並提供胎兒儲存從出生到4個月大時所需要的鐵質。	韭菜、山楂具有活血化瘀和收縮子宮的作用,若大量食用,有可能造成流產。	加強鐵質攝取: 1.食用富含鐵質的深色蔬菜、紅色肉類或肝臟。 2.減緩進食的速度,徹底咀嚼、少量多餐。 3.請教醫師,適時補充鐵劑。 4.若有高血壓或水腫,宜限制鈉的攝取,避免食用鹽漬、罐頭等含鈉量高的食物。

【本期調理目的】

開胃、止嘔、補血、補充鈣質、均衡營養

懷孕初期並不會消耗多餘的熱量，所以，這個階段的飲食只有二個重點：保持營養均衡，尤其是各種維生素、礦物質和蛋白質。有些準媽媽會因為噁心、孕吐、心口灼熱等害喜症狀而食欲不振，這時應加入清爽、開胃的料理，讓準媽媽保持心情輕鬆，只有吃得下才能吃出健康來。此外，近來醫學證實葉酸有助於胎兒的神經發育，除了食物來源之外，宜請教醫師是否需要額外的補充劑。

【第壹章】

懷孕初期

懷孕初期適時適量補充維生素、蛋白質、澱粉質，對腹中胎兒有健腦作用。這道清爽的手捲，營養美味，具有開胃效果，能幫助母體吸收均衡養分，預防流產。市售的海苔香鬆有鰹魚（葷食）和野菜（素食）兩種口味，無論葷素，搭配芝麻和海苔，非常簡便。

【材料】1餐份

胚芽米飯1碗、海苔（大）1片、生菜葉2片、苜蓿芽少許、海苔香鬆10g、蒲燒鰻魚80g、蘆筍2支

【作法】

1.生菜和苜蓿芽洗淨、瀝乾水分，鰻魚切條狀，備用。

2.蘆筍洗淨後，放入沸水中煮熟。

3.海苔對半裁切。

4.在海苔片上，依序鋪入生菜葉、胚芽米飯、海苔香鬆、鰻魚、蘆筍、苜蓿芽等材料後，慢慢捲包，即可食用。

全麥三明治

【預防孕吐、改善造血機能】

這道營養三明治，無論當早餐或點心，都十分適合。選用全麥、胚芽或雜糧吐司，含有較多維生素B群和E，補充懷孕初期所需的養分，能預防嘔吐、抽筋，並安定情緒、改善造血機能，尤其是害喜嚴重的孕婦更要攝取。雞蛋以土雞蛋為佳。

【材料】2餐份
全麥吐司3片、蛋2個、起司片2片、苜蓿芽少許、生菜葉少許、番茄1個

【調味】
橄欖油1小匙、鹽少許、胡椒粉少許

【作法】
1.將食材洗淨，苜蓿芽、生菜葉瀝乾水分，番茄切片，備用。
2.熱鍋後，倒入橄欖油，打入蛋，煎至九分熟後，撒入鹽和胡椒粉。
3.全麥吐司微烤至熱，依序夾入起司片、番茄、蛋、生菜葉、苜蓿芽。
4.把包裹材料後的吐司，從對角線斜切成三角形，即可。

香蕉、麥片和水果都含有各種維生素，適量攝取，能幫助孕婦補充體力，尤其是在懷孕初期，可提供胚胎神經細胞發育所需的養分。麥片有燕麥、全麥、即食麥片和烹煮用麥片，請依選用的麥片種類，適度調整料理的時間。

【材料】1餐份

燕麥片1杯、牛奶300cc、香蕉1/2支、柳橙1/2個、鳳梨少許、葡萄干15個、枸杞15個

【作法】

1.在鍋內，加入牛奶和200cc清水，煮至沸騰後，放入燕麥片稍加混合後，熄火。

2.香蕉切片，柳橙取出果肉，鳳梨切小塊狀，葡萄干和枸杞以冷開水稍加沖洗。

3.將全部材料加入麥片粥即可。

芽菜蛤蜊麵線

【幫助消化、平衡身體機能】

這道主食能補充懷孕初期所需的蛋白質、葉酸和維生素B6，使孕婦營養均衡。芽菜可隨意選用苜蓿芽、豌豆苗、蘿蔔嬰、蕎麥芽或花椰菜芽等，只要充分洗淨，不必煮熟，以確保酵素不流失。芽菜類的酵素能幫助消化、吸收，並製造養分，平衡身體機能。

【材料】1餐份

麵線1/3束、蛤蜊60g、芽菜30g

【調味】

高湯300cc、鹽少許、酒少許

【作法】

1.蛤蜊以清水浸泡至出沙後再次洗淨，芽菜洗淨，備用。

2.將麵線以沸水煮約2分鐘，撈出。

3.在鍋內，加入高湯，煮至沸騰後，再入蛤蜊、鹽、酒，再次煮至沸騰，熄火。

4.加入芽菜，稍微拌勻，再倒入麵線中，即可食用。

這道料理能預防懷孕初期的各種害喜症狀,安定因身體變化而引起的起伏情緒,避免流產。其中豐富的澱粉、植物性蛋白質、多種維生素和礦物質,是孕婦增強抵抗力和精力的良好來源。將醋和糖以等比例調成糖醋醬汁,亦可變換鮮藕料理的風味,提升食欲。

【材料】1餐份

蓮藕150g、薑末1小匙、蔥絲(或芹菜末)少許

【調味】

糯米醋1又1/2大匙、鹽少許、味醂1/2大匙、香油少許

【作法】

1.將蓮藕洗淨,以刀背輕輕刮除外皮和藕節後,切成薄片。

2.適量清水煮沸後,加入1大匙糯米醋,放入蓮藕汆燙約2分鐘,撈出,瀝乾水分。

3.混合薑末、鹽、味醂、糯米醋和香油等,再加入蓮藕即可。

4.食用時,可依喜好搭配蔥絲或芹菜末。

乳酪生菜沙拉

【預防孕吐、促進食欲、避免流產】

懷孕初期的噁心、嘔吐等症狀，容易導致孕婦食欲不振，體力不足。這道清爽開胃的沙拉，能使孕婦適度補充鈣質、蛋白質、葉酸、維生素C和K，減緩害喜的不適以及因營養不良所引起的流產和異常出血。

【材料】1餐份

鮮乳酪（Mozzarella）30g、活蝦6隻
生菜少許、紫高麗菜少許、洋蔥少許、苜蓿芽少許、小番茄少許

【醬汁】

義大利黑醋2小匙、橄欖油2小匙、味酥2小匙、大蒜片少許、小麥胚芽少許、鹽少許

【作法】

1.蔬菜食材洗淨，洋蔥、紫高麗菜切絲，小番茄切半，鮮乳酪切丁，備用。

2.活蝦以沸水煮熟後，剝除蝦殼。

3.將醬汁材料混合拌勻，備用。

4.所有食材混合裝盤後，淋上醬汁，即可食用。

菠菜炒豬肝

【減輕疲倦感、維持造血功能、提高抵抗力】

這道料理所用的菠菜、番茄、豬肝等食材，富含葉酸、泛酸和菸鹼酸，於懷孕初期適量食用，能改善疲倦感、維持造血功能。肝臟含有大量維生素B6，除了補血，還可預防抽筋、暈眩、嘔吐，進而提高抵抗力。豬肝用量不宜太多，先汆燙再拌炒，口感較嫩。

【材料】1餐份
菠菜120g、豬肝80g、番茄80g、老薑3片

【調味】
醬油1/2小匙、酒1小匙、香油少許、油1小匙、鹽1又1/2小匙、糖1小匙、橄欖油1大匙

【作法】
1.菠菜洗淨切段，番茄切塊狀，備用。
2.豬肝切片後沖洗乾淨，拭乾水分，以醬油、酒、香油醃漬約10分鐘，備用。
3.在鍋內煮沸清水，加入油、鹽和糖各1小匙後，放入菠菜汆燙約1分鐘，撈出裝盤，再入豬肝汆燙約30秒，撈出備用。
4.另起鍋加熱，倒入橄欖油，炒香老薑片後，加入番茄炒熟，再入已汆燙的豬肝稍微拌炒，起鍋前加鹽調味，盛起放在菠菜上即可。

有些女性在懷孕初期會出現嘔吐、胃熱腸燥、消化積滯、食欲不振等症狀，利用這道料理攝取蛋白質、維生素和礦物質，能補充孕婦的精力，減緩害喜的不適。用味醂取代味精、雞粉等調味料，提升料理的甘甜味，市售味醂的名稱略有不同，味道大同小異，請依喜好選用。

【材料】1餐份

豬里脊肉絲80g、黑木耳40g、茭白筍80g、胡蘿蔔40g、蔥1支

【調味】

香油1/2小匙、醬油1小匙、酒1小匙、油2小匙、味醂1小匙、鹽少許

【作法】

1.將食材洗淨，黑木耳、茭白筍、胡蘿蔔切絲，蔥切段，備用。

2.肉絲和香油、醬油、酒混合拌勻後，稍微醃漬至入味。

3.熱鍋後，放入油，放入肉絲炒至八分熟，先取出肉絲。

4.再加入黑木耳、茭白筍、胡蘿蔔拌炒至熟，加味醂和鹽調味後，再將肉絲重新入鍋，加入蔥段，拌炒約2分鐘即可。

檸檬香烤鮮魚

【強健胎兒腦部發育、補充精力】

秋刀魚富含維生素D、脂肪、蛋白質、鈣質和優質的DHA等營養素，除了能補充懷孕初期的養分，提升母體的精力，更對胎兒的腦部發育極有幫助。我所選用的海鹽，含有較豐富的礦物質，可於超級市場或百貨公司購買。

【材料】1餐份
秋刀魚1隻、檸檬1/4個

【調味】
海鹽少許

【作法】
1.秋刀魚洗淨、去鰓後，拭乾水分，在魚身兩面皆塗抹海鹽，備用。
2.烤箱以170℃預熱5分鐘後，放入秋刀魚，烤約20分鐘，取出。
3.食用時擠上檸檬汁即可。

山藥毛豆肉丁

這道料理具有健脾開胃的效果，能補充懷孕初期所需的營養素，增強準媽媽的體力，進而強健胎兒的腦部發育。辣椒選用個頭較大的品種，雖然比較不具刺激的辣味，卻能達到開胃的作用。

【材料】2餐份
鮮山藥100g、毛豆60g、豬里脊肉80g、辣椒1/2支

【調味】
酒1小匙、醬油1小匙、味醂1小匙、橄欖油1大匙、鹽少許

【作法】
1.將食材洗淨，毛豆以沸水汆燙約1分鐘後，取出，稍微沖洗以除去外膜。鮮山藥去皮切丁，辣椒切丁，備用。
2.豬里脊肉切丁後，加入酒、醬油、味醂，混合拌勻，備用。
3.熱鍋後，加入橄欖油，炒香辣椒後，加入豬里脊肉拌炒至變色。
4.續入山藥、毛豆和適量清水，拌炒約2分鐘，起鍋前加鹽調味即可。

高麗菜又稱為甘藍，臺灣四季皆有產，涼拌、火炒兩相宜，若當湯底還能提升湯汁的鮮甜，有「廚房裡的天然開胃菜」之譽。高麗菜含豐富的維生素K1、U和膳食纖維，而且熱量低，食用後易有飽足感，對準媽媽而言，是很方便的食材。

【材料】1餐份
高麗菜300g、子薑少許、辣椒1/2支

【調味】
糯米醋1/2大匙、糖1/2大匙、鹽少許、香油少許

【作法】
1.食材洗淨後，高麗菜撕成片狀，子薑切細末，辣椒去籽切片，備用。
2.在鍋內加熱1杯清水至沸騰，放入高麗菜汆燙約1分鐘，撈出，瀝乾多餘水分。
3.將香油、薑末、糯米醋、糖和鹽混合拌勻後，放入汆燙後的高麗菜和辣椒，稍微拌勻，靜置約10
　分鐘至入味，即可食用。

橙汁鮮魷

【提振食欲、補充體力】

這道料理富含氨基酸和牛磺酸等較易被人體吸收的蛋白質，搭配維生素十足的小黃瓜，令人食指欲動。柳橙醬汁可製作多一點，裝瓶後，放入冰箱冷藏，待使用時重新加熱以免結塊，輕易就能變化出橙汁肉片或魚片，非常方便。

【材料】1餐份

鮮魷（透抽）150g、小黃瓜1個、香吉士1個

【調味】

柳橙汁2大匙、糯米醋1/2大匙、冰糖1/2大匙、卡士達粉少許、鹽少許

【作法】

1.食材洗淨後，鮮魷刻花紋後切塊，小黃瓜切片後稍微以鹽醃拌入味。

2.將香吉士剖半，一半取出果肉、另一半壓榨成汁，放入鍋內，加入柳橙汁、糯米醋、冰糖、卡士達粉混合拌均後，以小火（或微波爐）加熱，煮至呈糊狀，備用。

3.在鍋內煮沸清水，加入少許鹽，放入鮮魷汆燙至熟，撈出，靜置至涼。

4.鮮魷和小黃瓜裝盤後，淋入柳橙醬汁，即可食用。

懷孕初期的孕媽咪普遍有食欲不振的現象，此時不妨食用清爽開胃的料理，以增進攝取養分的機會。這道料理富含各種維生素和礦物質，適時補充，能開胃、止嘔，提供孕媽咪所需的熱量。紫蘇梅具有殺菌和舒緩嘔吐的功效。菜梗可選用綠花椰菜、白花椰菜或大頭菜，梅醬亦可用市售的現成品替代。

【材料】1餐份
綠花椰菜梗300g、紫蘇梅8個

【調味】
鹽2小匙、醃海汁2大匙、味酥少許

【作法】
1.綠花椰菜梗去皮後切成條狀，以鹽拌勻後，靜置約15分鐘至軟化，再用冷開水反覆沖洗兩次，降低鹽分。
2.紫蘇梅去籽、切碎，和醃梅汁、味酥混合拌勻，淋在綠花椰菜梗上，即可食用。

櫻花蝦葫蘆瓜

【強健胎兒腦部發育、保健孕婦牙齒】

葫蘆瓜（即瓠瓜），富含蛋白質、脂肪、各種維生素和礦物質，其中含有一種干擾素的誘生劑，可刺激機體產生干擾素，近年來常用於防癌、抗癌、抗病毒等保健，提高機體免疫能力，發揮抗腫瘤及抗病毒的作用。這道料理非但對孕媽咪的牙齒保健有幫助，更能強健胎兒的腦部發育。

【材料】1餐份
櫻花蝦1兩、葫蘆瓜300g、大蒜末少許

【調味】
油1大匙、味醂2小匙、鹽少許

【作法】
1.葫蘆瓜洗淨，削皮後切塊，備用。
2.熱鍋後，加入油，炒香蒜末、櫻花蝦後，取出。
3.將葫蘆瓜放入鍋內，加少許清水和鹽、味醂，轉小火，燜燒至瓜肉熟透後，取出裝盤。
4.將櫻花蝦撒在葫蘆瓜上，即可食用。

豬肋骨熬煮的高湯含有豐富的鈣質，搭配苦瓜和丁香魚乾，是懷孕初期所需的鈣質、蛋白質和維生素的優良補給。苦瓜具有利尿、預防便祕、降火氣的作用，並且能緩和孕期的緊張情緒，使準媽媽的睡眠品質提升。

【材料】1餐份
苦瓜300g、豬肋骨6支、丁香魚乾50g、薑3片

【調味】
糯米醋1大匙、鹽少許

【作法】
1.食材洗淨，苦瓜切塊，丁香魚乾以溫開水沖洗，豬肋骨以沸水汆燙後再次洗淨，備用。
2.在湯鍋內，放入豬肋骨、薑片、糯米醋和1000cc清水，以小火熬煮約30分鐘。
3.撈出豬肋骨後，放入丁香魚乾和苦瓜，以小火再熬約20分鐘，起鍋前加鹽調味即可。

這道湯品具有整腸、美膚、穩定情緒的效用,而且能補充懷孕期間所需的鈣質,消除水腫,預防貧血。對於準媽媽的皮膚潰瘍或易長痘瘡,也有改善效果。

【材料】1餐份
蛤蜊100g、白蘿蔔300g、干貝1個、薑絲少許、青蒜絲少許

【調味】
酒1小匙、鹽少許

【作法】
1.蛤蜊以清水浸泡至出沙後,再次洗淨,備用。
2.白蘿蔔去皮切絲,干貝浸泡溫水至軟化後撕細絲狀,備用。
3.在湯鍋內放入白蘿蔔絲、干貝絲、薑絲和600cc清水,熬煮約10分鐘。
4.加入蛤蜊,煮至全部開口,起鍋前以酒和鹽調味,並撒上青蒜絲即可。

綠竹筍是品質最優良的竹筍，熱量低，清脆甜美，適合作沙拉或燉清湯，以冷水熬煮竹筍較不會產生苦味，對於害喜嚴重的準媽媽來說，是道開胃又清心的料理。這道湯品搭配有胡蘿蔔和豬里脊肉，能安定孕婦的神經系統，豐富的膳食纖維更能有效預防便祕。酸菜使用前先以清水浸泡，可降低鹹度，減少鈉的攝取。

【材料】2餐份

豬里脊肉100g、胡蘿蔔100g、綠竹筍100g、酸菜少許、薑4片

【調味】

高湯1000cc

【作法】

1. 食材洗淨後，豬里脊肉切薄片，胡蘿蔔切片，綠竹筍削除皮殼後切片，酸菜切片後以清水浸泡約20分鐘，備用。

2. 在湯鍋內放入高湯、綠竹筍、酸菜和胡蘿蔔，煮至沸騰後，轉小火，繼續燉煮約10分鐘。

3. 放入肉片，再次煮至沸騰，起鍋前加薑片即可。

菱角排骨湯

【健補脾胃、預防水腫、強化肌肉機能】

菱角有「龍角」之稱，富含澱粉質、礦物質和維生素，無論蒸煮或熬湯，都有特殊風味。這道湯品具有健補脾胃的功效，能改善懷孕初期的嘔吐、胃熱等不適，而且能預防孕婦腳氣水腫，有助於強化肌肉組織的機能。菱角選購現剝、不泡水者為佳，顏色較暗者為沒有浸泡藥水漂白，比較健康。

【材料】2餐份

排骨100g、菱角100g、薑片4片、香菜少許

【調味】

酒1小匙、鹽少許

【作法】

1.排骨剁成小塊後，以沸水汆燙後，再次洗淨，備用。

2.菱角剝除外殼後，洗淨，備用。

3.在湯鍋內放入排骨、薑片和1200cc清水，煮至沸騰後，轉小火，熬煮約30分鐘。

4.放入菱角後，再煮20分鐘，加鹽和酒調味，熄火後，撒上香菜即可。

桑寄生紅糖蛋

【預防妊娠嘔吐、預防胎動不安、減緩腰痠背痛】

桑寄生具有利血脈、舒筋絡和鎮痛等功效，懷孕初期食用，能預防孕吐、胎動不安、妊娠出血等流產先兆，並舒緩腰痠背痛的不適。當蛋煮至半熟時，取出雞蛋，敲碎蛋殼，釋放出蛋殼裡的鈣質，補益效果較佳，煮好後分兩次食用，每次同時喝湯和吃蛋。

【材料】2餐份

桑寄生30g、土雞蛋2個、老薑15g、川續斷15g

【調味】

紅糖50g

【作法】

1.桑寄生洗淨，備用。

2.在鍋內放入桑寄生、川續斷和800cc清水，以小火熬煮約30分鐘。

3.再入雞蛋和老薑續煮約15分鐘。

4.最後加入紅糖，熄火，分兩次食用。

紅糖薑汁地瓜

【改善孕吐、增強體力、修護身體細胞】

這道甜品含有多種氨基酸、維生素B群和膳食纖維，懷孕初期食用，能增強體力、減輕疲倦感、改善害喜的不適，並且幫助胎兒發育。三寶粉的成分為大豆卵磷脂、小麥胚芽和啤酒酵母粉，可於有機材料專賣店購買。

【材料】1餐份

地瓜300g、老薑50g、三寶粉少許

【調味】

紅糖150g

【作法】

1.地瓜洗淨去皮（或連皮亦可）切成塊狀，老薑連皮切片，備用。

2.在鍋內放入地瓜、老薑和600cc清水，熬煮約15分鐘，加入紅糖調味。

3.食用時，再加入三寶粉。

薑汁山藥鮮奶

【改善孕吐、強健脾胃、增強體力】

這道甜品對於懷孕初期的噁心、嘔吐、脾胃不開、營養失調等，頗有改善功效。適量食用，能提供準媽媽能量與活力。我建議：選用大塊老薑以磨薑器研磨後，取適量使用。薑是最天然的抗噁心良藥，害喜嚴重者，不妨於飲食中善用。

【材料】1餐份

鮮山藥50g、老薑（汁）20g、鮮奶300cc

【調味】

果寡糖少許

【作法】

1.將鮮山藥洗淨後，放入果汁機，與鮮奶一起攪打成汁，取出。

2.在鍋內，放入山藥鮮奶，以小火慢煮，煮至呈稠狀，熄火。

3.加入薑汁和果寡糖，稍微攪拌均勻，即可。

核桃糙米漿

【排除體內毒素、預防過敏、預防水腫】

這道甜品含有維生素B群、鈣、鎂、鐵、澱粉質、脂肪、蛋白質等營養素,具有補氣養血的功效,懷孕初期食用,能預防過敏、排除體內毒素、預防水腫,並增加血液含氧量,使母體和胎兒更健康。另外,還可搭配牛奶飲用。有機糖蜜可於有機材料專賣店購買。

【材料】1餐份
糙米1/3杯、核桃30g

【調味】
有機糖蜜1大匙

【作法】
1.食材洗淨後,糙米以清水浸泡1小時,備用。
2.在食物調理機內,放入核桃和糙米,攪打至碎,取出。
3.將攪打後的糙米和核桃放入鍋內,以小火煮至沸騰,熄火,起鍋前加有機糖蜜即可。

堅果蔬菜餅乾

【預防孕吐、補充體力、強健胎兒骨骼發育】

這道製作簡便的點心，美味營養，適合和家人分享。其中含有維生素、礦物質、脂肪和蛋白質，既可吃飽又可吃巧。蘇打餅乾搭配乾果，能減緩懷孕初期的害喜症狀，補充體力，降低胎兒畸型的機率，強化胎兒的骨骼發育。綜合果仁包含腰果、南瓜子、葡萄干、杏仁、枸杞、香蕉等，可於有機材料專賣店或超市購買。麥芽糖可於中藥房購買。

【材料】1餐份
蔬菜蘇打餅乾4片、綜合果仁（含水果）少許

【調味】
麥芽糖1/2大匙

【作法】
1.將麥芽糖塗抹在蘇打餅乾上，再鋪上綜合果仁，即可食用。

多C果汁

【預防感冒、預防貧血、保健牙齒、強健骨骼】

蔬菜越新鮮，所含的維生素C越多。維生素C能預防感冒，幫助體內形成膠原質，使細胞、血管、牙齒、骨骼更健全，降低身體的各種炎症、抵抗細菌和病毒的入侵。在懷孕初期補充這道元氣飲品，還能預防貧血。

【材料】1餐份
柳橙2個、葡萄10個、蘋果1/2個、甘蔗汁100cc

【作法】
1.水果洗淨，柳橙壓榨取汁，蘋果去籽切塊，備用。
2.在果汁機內放入葡萄、蘋果和甘蔗汁攪打成汁，取出，與柳橙汁混合飲用。

竹茹生薑陳皮飲

【預防孕吐、健胃整腸、補充體力】

竹茹，味甘，性微寒，具有清除胃熱、止嘔的功效，並且有抗菌作用。於懷孕初期適量飲用搭配生薑和陳皮熬成的茶飲，能改善咳嗽、胃熱、消化不良、妊娠嘔吐、胎動不安等不適，同時能補充體力，使孕程更順利。

【材料】2餐份

竹茹3錢、黨參3錢、陳皮2錢、生薑8片（約1兩）、甘草1錢、紅棗5個

【作法】

1.將所有材料以800cc清水煎煮約30分鐘。

2.過濾後，將湯汁分兩次，於早晚飲用。

桂圓紅糖薑茶

【預防嘔吐、改善畏寒、調整情緒】

桂圓含有葡萄糖和維生素A、B1、C等，具有滋養、安心神、強健脾胃等功效，搭配紅糖和老薑，有止嘔止吐的效用，更是懷孕初期調整情緒的最佳飲品。尤其在冷冷的天氣裡，來杯熱呼呼的桂圓紅糖薑茶，讓人從外暖到裡。

【材料】1餐份
桂圓肉1兩、老薑（連皮）1兩

【調味】
紅糖1大匙

【作法】
1.在鍋內，放入桂圓肉、老薑和500cc清水，煮至沸騰。
2.加入紅糖調味，即可飲用。

安神保產湯

【安胎、預防先兆流產、補筋骨】

有先兆流產現象、異常出血、胎動不安的準媽媽，適量飲用這道飲品，能有緩和作用。
若有發燒或火氣大而引起胎動不安時，則外加黃芩2錢一起煎煮，以達到安胎效果。此
外，對於懷孕初期的腰痛和筋骨痠痛，都有不錯功效。

【材料】2餐份
杜仲3錢、川斷3錢、菟絲子2錢、桑寄生3錢

【作法】
1.將所有藥材加800cc清水，以小火煎煮約1小時。
2.過濾後，將湯汁分兩次飲用。

養肝補血飲

【預防眩暈、調節免疫力、增強抵抗力】

黃耆用以補氣、調節免疫力，紅棗補血、安心神、抗過敏，西洋參潤肺、補氣、強心，紅糖增加甘甜並補充礦物質，組合這些取材方便的材料，適量飲用，就能改善懷孕初期的害喜症狀，預防暈眩、養肝血、安心神、增強對抗病毒的能力。

【材料】1餐份
黃耆5錢、紅棗5個、西洋參3錢

【調味】
紅糖2大匙

【作法】
1.將所有藥材加600cc清水，以小火煎煮約30分鐘。
2.湯汁過濾後，加入紅糖調味，即可飲用。

【本期調理目的】

補充各類營養素、強化母體、幫助胎兒健康發育

我們常聽到的「藥補不如食補」這個觀念，在懷孕期間，更是必須

徹底實行，在懷孕中期，胎兒的發育和成長漸漸加速，會消耗母體

較多的⋯⋯每個懷孕的每天宜多攝取三百大卡的熱量，並且補充各

種⋯⋯營養素，以俾胎兒及胎⋯⋯所需⋯⋯⋯⋯因此孕婦的孕⋯⋯

⋯⋯的鞏固⋯⋯⋯⋯⋯⋯⋯⋯⋯⋯⋯⋯，如水分的攝取，以避免便⋯和

⋯⋯的問題⋯

【第貳章】
懷孕中期

核桃魚排堡

【補充營養、強健胎兒腦部和神經系統發育】

這道料理主要在於補充準媽媽的葉酸、蛋白質以及維生素A、E、C、B群，除了提供母體所需的養分之外，更能降低胎兒脊椎、大腦和神經系統缺損的可能性。

【材料】2餐份

核桃麵包1個、鯛魚100g、洋蔥1/3個、生菜葉少許、番茄1/2個

【調味】

麵粉少許、蛋液少許、麵包粉少許、沙拉醬少許、鹽少許、油少許

【作法】

1.食材洗淨，洋蔥橫切片，生菜葉拭乾水分，番茄切片，備用。

2.鯛魚切片後，均勻塗抹一層薄鹽，依序再沾裹麵粉、蛋液、麵包粉，備用。

3.熱鍋後，倒入油，放入魚片，炸至兩面呈金黃色，撈出。

4.將核桃麵包切片，鋪上生菜葉、洋蔥、魚片、番茄，並以適量沙拉醬調味，即可食用。

全麥胚芽照燒堡

【預防貧血、強健胎兒神經細胞】

酵母粉富含高蛋白質和維生素B群，常被各大醫院用作照護病患的營養劑，對懷孕中期的母體和胎兒同樣有補益作用。生菜和苜蓿芽的維生素C含量很高，有助人體對鐵質的吸收，以預防貧血。這道料理無論當早餐或點心，都令人元氣十足，更重要的是，還能提供胎兒神經細胞發育所需的養分哦！

【材料】2餐份

全麥胚芽麵包1個、豬肉片（火鍋用）100g、苜蓿芽少許、生菜葉少許、洋蔥少許

【調味】

油1/2小匙、照燒醬1又1/2大匙、酒1小匙、酵母粉5g

【作法】

1.食材洗淨，苜蓿芽瀝乾水分，生菜葉拭乾水分，洋蔥切片，備用。

2.熱鍋後，倒入油，放入豬肉片、洋蔥，稍微拌炒後，加入照燒醬、酒，拌炒至熟，起鍋。

3.將全麥胚芽麵包切片，夾入生菜葉、豬肉片、苜蓿芽、酵母粉和洋蔥即可。

芝麻香蕉捲

【預防抽筋、預防水腫、強健胎兒腦部發育】

芝麻所含的脂肪酸比例優良，為人體不可或缺，而且含有維生素E、B群和多種礦物質。黑芝麻的鈣、鐵和粗纖維的含量遠高於白芝麻，在漢方藥學裡，黑芝麻具有滋補、烏髮、解毒、通便等功效。這道料理提供胎兒腦部和骨骼發育所需養分，並預防準媽媽出現抽筋和水腫等不適。

【材料】1餐份
黑芝麻麵包2片、香蕉1/2個、水蜜桃1片、小黃瓜1/2個

【調味】
煉乳1/2大匙、沙拉醬1/2大匙

【作法】

1.黑芝麻麵包削去外皮後，以刀背壓至緊實後，塗抹拌勻後的沙拉醬和煉乳。

2.香蕉剝皮後切條狀，水蜜桃和小黃瓜分別切條狀。

3.在麵包上放香蕉、水蜜桃和小黃瓜後，慢慢捲至緊實，切半，即可食用。

雜糧瘦肉粥

【健脾益氣、預防腰膝無力】

這道粥品含有多種維生素、葉酸、蛋白質等養分。栗子具有健脾益氣、預防腳部和腰部無力的功效。製作高湯時，建議選用鈣質豐富的豬肋骨，加醋熬煮約30分鐘後，再加入高麗菜、胡蘿蔔、香菇、黃豆芽、海帶芽、丁香魚等，繼續熬煮約30分鐘，煮成後分袋放入冷藏，使用前取出解凍，非常方便，而且營養滿分！

【材料】2餐份
五穀雜糧米1/2杯、鮮栗子6個、豬肉（瘦）80g

【調味】
高湯500cc、鹽少許、胡椒少許

【作法】
1.將米洗淨後，以清水浸泡約1小時，備用。
2.鮮栗子切成小丁狀，豬肉切細絲，備用。
3.在鍋內，放入雜糧米和2杯清水，煮至沸騰後，轉小火，加入栗子、高湯，續煮約30分鐘。
4.最後加入豬肉，煮至熟透，起鍋前，以鹽和胡椒調味即可。

海鮮蕎麥麵

【維持荷爾蒙分泌、強健胎兒腦部發育】

海藻含有較多的碘,是甲狀腺素的主要成分,若準媽媽攝取不足,會影響胎兒發育。這道麵食含有蛋白質、礦物質、澱粉質和微量元素,能維持準媽媽荷爾蒙分泌正常,進而幫助胎兒腦部和身體的正常發育。

【材料】1餐份

活蝦3隻、鮮魷(中卷)80g、海藻1小匙、蔥絲少許、蕎麥麵1小束

【調味】

高湯500cc、味噌1/2大匙

【作法】

1.食材洗淨,鮮魷切圈狀。海藻以冷開水浸泡約5分鐘,備用。

2.在鍋內注入適量清水,煮至沸騰,放入蕎麥麵,煮至麵心熟透,撈出置於碗中。

3.另取湯鍋,放入高湯、味噌,煮至沸騰後,加入活蝦、鮮魷,再次煮至沸騰。

4.將高湯、活蝦、鮮魷倒入裝盛蕎麥麵的碗中,搭配海藻和蔥絲,即可食用。

洋蔥牛肉麵

【補血、健脾胃、強筋骨】

選購市售現成的滷牛腱，切成厚片後即可食用，美味又方便。我喜歡用鮮美露取代醬油，加入高湯烹煮，使湯頭更濃郁，是牛肉麵湯頭的輕鬆調理法。牛肉含有蛋白質、脂肪、維生素和優質膽固醇，具補血、健脾胃、強筋骨功效，尤其是對懷孕中期體質較虛弱的準媽媽而言，更是補充體能的好食材。

【材料】1餐份
滷牛腱80g、烏龍麵（冷凍）1包、菠菜50g、洋蔥少許

【調味】
高湯300cc、鮮美露3大匙

【作法】
1.菠菜洗淨切段，滷牛腱切片，洋蔥切絲，備用。
2.在鍋內注入適量清水，煮至沸騰，放入烏龍麵、菠菜稍微汆燙，撈出置於碗中。
3.另取湯鍋，放入高湯煮至沸騰，再入滷牛腱片、鮮美露拌勻。
4.將高湯和滷牛腱片倒入裝盛烏龍麵的碗中，撒上洋蔥絲，即可食用。

西芹雞片

【補充各類營養素、改善靜脈曲張】

雞腿肉切薄片，並先以小火低溫油炸，以維持肉質的鮮嫩口感，油炸後會呈捲曲狀，視覺上較美觀。腰果（有糖或無糖皆可）所含的維生素E能改善靜脈曲張的不適。這道料理主要是補充懷孕中期所需的蛋白質、脂肪、膳食纖維、各種維生素和礦物質。營養越多元，母體和胎兒就越健康。

【材料】2餐份

西洋芹120g、雞腿肉100g、腰果（糖衣）30g、蛋白1/3個、大蒜末1小匙

【調味】

醬油少許、酒少許、太白粉少許、香油少許、炸油適量、鹽少許

【作法】

1.西洋芹洗淨，除去外皮和硬筋後，切成斜段，備用。

2.雞腿肉洗淨後切片，以醬油、酒、太白粉、香油和蛋白混合拌勻，醃漬約15分鐘至入味。

3.熱鍋後，加入油，放入西洋芹稍微過油後取出。

4.將雞腿肉放入油鍋內，轉小火，將雞肉炸至約八分熟，起鍋，瀝除多餘油分。

5.將西洋芹、雞腿肉、大蒜末及2大匙水回鍋拌炒約2分鐘，起鍋前加鹽和腰果。

玉子芥菜心

【利九竅、安臟腑、舒緩情緒】

芥菜含有豐富的維生素A、B、C和鐵、鈣、硫等，具有利九竅、安臟腑、明目的作用，而雞蛋含有豐富的卵磷脂，具有補虛功效，搭配食用，能使懷孕期間的緊張情緒獲得舒緩。這道料理以雞蛋黃取代鹹蛋，更能兼顧健康。汆燙青菜時，以少許水加等量油、鹽、糖，能保持青菜的翠綠色澤。

【材料】1餐份

土雞蛋2個、芥菜心150g、大蒜2個

【調味】

油1大匙、鹽少許、糖1小匙

【作法】

1.食材洗淨，芥菜心切斜片，大蒜剝除外膜後切片，備用。

2.在鍋內放入雞蛋（帶殼）和清水，煮至蛋呈九分熟，撈出，取出蛋黃壓碎備用。

3.在鍋內煮沸200cc清水後，加入1小匙鹽、1小匙糖和1小匙油，放入芥菜心煮約2分鐘後，撈出備用。

4.熱鍋後，倒入油，炒香大蒜片，再入碎蛋黃、芥菜心和鹽，拌炒均勻即可。

香菜牡蠣炒蛋

【提振食欲、保護眼睛、修護身體細胞】

海鮮，就是要新鮮才好吃、才健康，若母體對海鮮不會有過敏反應，就不會對胎兒有負面影響。若準媽媽有失眠的困擾，不妨適量食用海鮮。以牡蠣為例，豐富的維生素A和B12能保護眼睛、緩和神經緊張，鋅能修護細胞並合成蛋白質，強化精力，促進食欲。牡蠣烹煮前，先拌鹽再沖洗，徹底洗去殘留的外殼。

【材料】1餐份

土雞蛋2個、鮮牡蠣（蚵仔）80g、蔥1支、香菜少許

【調味】

油1又1/2大匙、玉米粉1小匙、鹽少許

【作法】

1.食材洗淨，蔥和香菜切末，牡蠣以1小匙鹽拌勻後，再以清水沖洗乾淨，瀝乾多餘水分，備用。

2.將牡蠣、鹽和玉米粉混合拌勻，放入沸水汆燙約1分鐘至熟，取出。

3.在碗裡打散雞蛋，加入蔥花和牡蠣，以少許鹽調味拌勻。

4.熱鍋後，倒入油，放入雞蛋和牡蠣，快炒至蛋凝固，起鍋，撒上香菜即可。

夏果鮮蝦仁

【強化肝臟功能、強健胎兒骨骼發育、舒緩情緒】

新鮮蝦仁是高蛋白、低脂肪、富維生素的食材，具有補氣、滋養身體、健胃、幫助消化、提高食欲的功效，《本草綱目》記載：「蝦壯陽道，動風熱。」適時、適量、均衡食用，對健康有益。夏威夷果含有維生素E和微量元素，有助穩定妊娠不安的情緒，並且強化肝臟的解毒功能、強健胎兒骨骼發育。

【材料】1餐份

蝦仁80g、核桃30g、夏威夷果30g、紅甜椒5g、蔥1支、薑片2片

【調味】

蛋液少許、鹽少許、太白粉少許、油少許

【作法】

1.將蝦仁在水龍頭下沖洗約2分鐘，剔除泥腸後，拭乾水分，以蛋液、鹽和太白粉拌勻，醃漬約5分鐘，備用。

2.食材洗淨，甜椒切菱形，蔥切斜段，備用。

3.熱鍋後，倒入油，放入核桃和夏威夷果稍微過油後，撈出。

4.鍋內留少許油，放入蝦仁、蔥段和薑片，拌炒至熟，加入甜椒和鹽拌勻，起鍋前，再入核桃、夏威夷果，稍微拌炒即可。

炸時蔬

【健脾胃、驅寒、解毒】

芋頭具有開胃生津、消炎鎮痛、補氣益腎等功效，能幫助身體排出多餘的鈉，降低血壓；地瓜能刺激腸胃蠕動，中和體內酸性物質，保健腸胃；香菜則可驅寒、解毒。這道料理含有豐富的澱粉質、維生素和膳食纖維，很有飽足感。

【材料】2餐份
芋頭100g、地瓜100g、四季豆60g、香菜少許、蛋1個

【調味】
麵粉2大匙、鹽少許、胡椒粉少許、油適量

【作法】

1.食材洗淨，芋頭、地瓜分別削皮後切絲，四季豆切斜段，香菜切段，備用。

2.容器內放入蛋、100cc清水打成蛋液後，加入麵粉、2小匙油、鹽混合勻，再加入所有蔬菜食材，均勻沾裹麵衣。

3.熱鍋後，倒入適量的油，加熱至約150℃，將蔬菜食材分次放入油炸，至呈金黃色，取出瀝油，食用前撒點胡椒粉即可。

鰹魚雙菇菠菜

【補血、增強抵抗力、預防便祕】

菇類富含多醣體、人體必需氨基酸、蛋白質、礦物質和維生素，是高纖維低熱量的食材，營養價值極高，近年來更用於防癌保健。這道菇類搭配菠菜的料理，有助於懷孕中期的營養需求，達到補血、增強抗病毒的能力、預防便祕的功效。

【材料】1餐份

菠菜120g、美白菇50g、鴻禧菇50g、大蒜末少許

【調味】

橄欖油1大匙、鰹魚醬油2小匙、味醂2小匙

【作法】

1. 菠菜洗淨後，以沸水汆燙，瀝乾水分後切段，裝盤備用。

2. 美白菇、鴻禧菇分別洗淨後，撕成小朵狀。

3. 熱鍋後，倒入橄欖油，炒香大蒜末後，加入菇類稍微拌炒，再以鰹魚醬油和味醂調味，續煮約2分鐘至菇類全熟。

4. 起鍋後，鋪在菠菜上即可。

山藥牛柳

【健補脾胃、改善貧血、強健胎兒發育】

維生素B12主要來源為動物性食物，而紅色肉類的含鐵量較白肉高，對於不忌牛肉的準媽媽來說，懷孕中期適量食用牛肉，能預防貧血，補氣強身，調節荷爾蒙分泌。鮮山藥保健腸胃的功效廣為人知，是健補脾胃的好食材。這道料理能補充母體和胎兒發育所需的營養，請多加攝取。

【材料】2餐份

牛菲力100g、鮮山藥100g、雙色甜椒各30g、大蒜1個

【調味】

蛋白2小匙、玉米粉2小匙、鹽少許、油少許、酒1小匙、蠔油2小匙、味醂2小匙

【作法】

1.食材洗淨，牛菲力、鮮山藥和甜椒分別切條狀，大蒜切片，備用。

2.在容器內混合牛菲力、蛋白、鹽、玉米粉，靜置約10分鐘，使其入味。

3.熱鍋後，倒入油，炒香大蒜，放入牛肉拌炒至半熟。

4.以酒、蠔油、味醂調味後，拌炒均勻，再入甜椒和鮮山藥續炒約1分鐘，即可。

三杯羊腩

【補氣、預防貧血、暖和身體】

羊肉有「甘熱,能補血之虛」的作用,搭配老薑和胡麻油料理,具有補氣養血的功效,能緩和懷孕中期畏冷、四肢不溫、體力不佳的現象,並預防貧血。但感冒時請勿食用這道料理,以免上火。

【材料】1餐份

羊腩100g、大蒜6個、老薑50g、辣椒1支、九層塔少許

【調味】

胡麻油1大匙、酒100cc、醬油1大匙、糖20g、味醂1大匙

【作法】

1.食材洗淨,羊腩切段,老薑切片,辣椒去籽切段,備用。

2.熱鍋後,倒入胡麻油,炒香老薑和大蒜,至呈金黃色。

3.續入羊腩,煸炒至變色,加入酒、醬油、糖、味醂和100cc清水,轉小火,煮至湯汁收乾。

4.起鍋前,加入辣椒和九層塔稍微拌炒即可。

洋蔥拌鮭魚

【預防感冒、預防骨質疏鬆、強健胎兒腦部發育】

懷孕中期，無論母體或胎兒均需要大量鈣質，否則非但準媽媽容易腰痠背痛和骨質疏鬆，連帶也會影響胎兒的發育，鈣質的食物來源有牛奶、乳製品、小魚乾和鮭魚等。這道料理含有維生素B群和類蘿蔔素，能補充胎兒腦部發育所需的養分，並且有助母體預防感冒。

【材料】1餐份
鮭魚100g、洋蔥50g、小黃瓜80g

【調味】
油1小匙、美乃滋40g、鹽少許、醋（或檸檬汁）少許

【作法】

1. 食材洗淨，鮭魚、小黃瓜分別切丁，洋蔥切末後，以冷開水和冰塊稍微浸泡以去除辛辣味，瀝乾水分，備用。

2. 熱鍋後，倒入油，放入鮭魚，不要鏟動立即蓋上鍋蓋，約2分鐘後，熄火，再將鮭魚取出，瀝乾多餘油脂和水分。

3. 在容器內，放入洋蔥、鮭魚、小黃瓜、美乃滋、鹽和醋，混合拌勻，即可食用。

鮮茄彩椒豆腐

【補充精力、維持脾臟功能、強健胎兒發育】

甜椒俗稱「青椒」，在幼果期採收呈綠色，後來農業技術改良至熟果採收，熟成後，顏色從綠色轉變為紅色、黃色、橙色等，而有「彩色甜椒」之稱。甜椒所含的營養成分遠較同科作物番茄、茄子高出許多。在懷孕期間適度食用甜椒和番茄等蔬果，有助於保持良好體力、維持脾胃運作功能，並強健胎兒發育。

【材料】1餐份

番茄1個、青椒1/3個、紅甜椒1/3個、有機豆腐1個、洋蔥末1大匙

【調味】

油1大匙、卡士達粉2大匙、番茄醬1大匙、味醂1大匙、鹽少許

【作法】

1.食材洗淨，番茄、青椒、紅甜椒切小丁，豆腐切塊，備用。

2.將豆腐沾裏卡士達粉，放入油鍋內，煎至兩面呈金黃色，取出裝盤。

3.在鍋內留少許油，炒香洋蔥後，放入番茄、青椒、甜紅椒稍微拌炒。

4.再入番茄醬、味醂、鹽調味，拌炒均勻後，起鍋，淋在豆腐上即可。

山珍海味湯

【補血、補充體力、強健胎兒發育】

海帶結含有豐富的礦物質和褐藻膠，能促進新陳代謝，而其葉綠素和鐵質有補血功效。搭配魚肉、豆腐和菇類，成為一道營養滿分的湯品，在懷孕中期適度食用，能提供母體充足的體力，並供給胎兒均衡的養分。

【材料】1餐份

海帶結50g、有機豆腐1個、鯛魚片80g、鴻禧菇35g、蔥末少許

【調味】

高湯500cc、味噌20g、柴魚粉1/2小匙、味醂2小匙

【作法】

1.食材洗淨，豆腐、鯛魚切成適當大小，鴻禧菇撕成小朵狀，備用。

2.味噌以溫開水調勻，備用。

3.在鍋內注入高湯，煮至沸騰後，放入海帶結、豆腐、鯛魚片、鴻禧菇煮至熟，最後以味噌、柴魚粉、味醂調味，撒上蔥末，即可食用。

五色蔬菜湯

【預防貧血、安定神經】

這道食材豐富的蔬菜湯，有助於準媽媽補充鈣質、蛋白質、維生素和膳食纖維。十字花科的蔬菜是近年抗潰瘍的熱門食物，於懷孕中期適度食用，有預防貧血和安定神經的功效。以奶油炒麵粉，香味令人無法擋，而且製作出來的濃湯也較清順。

【材料】1餐份

鮮香菇2個、綠花椰菜100g、白花椰菜100g、番茄1個
紅蔥2個、紅甜椒1/2個、胡蘿蔔50g

【調味】

鮮奶油100cc、奶油30g、麵粉1大匙、高湯500cc、鹽少許

【作法】

1.食材洗淨，紅蔥切細末，其他蔬菜切成適當大小，備用。

2.鮮奶油以100cc熱開水混勻，備用。

3.熱鍋後，加入奶油炒香紅蔥末和麵粉，加入鮮奶油，煮至麵糊融化，起鍋。

4.另取湯鍋，放入高湯和所有蔬菜，煮約10分鐘，加入麵糊拌勻，續煮約5分鐘後，加少許鹽調味即可。

西參杏仁雞湯

【預防感冒、補充體力、舒緩咳嗽】

西洋參和高麗參不同，其皮層較厚、質地較厚重，斷面呈黃白色，味道微苦，咀嚼後帶有些許甜味，具有滋補強身、提高抗病能力的作用。這道湯品能補充懷孕中期所需的體力、保護肺部和呼吸道、預防感冒，若不慎感冒而引起咳嗽時，適度食用能有舒緩效果。

【材料】1餐份
雞翅2隻、杏仁10g、西洋參7g、薑片3片、紅棗5個

【調味】
酒50cc、鹽少許

【作法】
1.食材洗淨，雞翅切塊，紅棗去籽，備用。
2.在燉盅內放入全部材料、酒、鹽和適量清水，燉煮約40分鐘即可。

白菜金針肉丸湯

【預防便祕、補充體力】

鮮美多汁的大白菜，含有多種維生素、礦物質、膳食纖維、蛋白質和醣類，無論煮湯、熱炒，甚至製作泡菜，都很美味。這道湯品，非但營養豐富而且口感濃郁，對準媽媽而言，能夠補充體力、幫助消化，並預防懷孕中期以後因子宮壓迫而出現的惱人便祕。

【材料】2餐份

大白菜200g、香菇3個、金針少許、絞肉100g、薑末少許、蔥末少許、冬粉1束

【調味】

醬油少許、酒少許、胡椒粉少許、香油少許、玉米粉1大匙、炸油適量、鹽少許

【作法】

1. 所有食材洗淨，香菇、金針分別以清水浸泡至軟，金針另以沸水汆燙，備用。

2. 將絞肉和薑末、蔥末、醬油、酒、胡椒粉、香油等調味料混合拌勻後，捏成小丸子形狀，再薄薄地沾裹一層玉米粉，放入加熱的油鍋內油炸至外表定型，取出瀝油，備用。

3. 在湯鍋內放入大白菜、香菇、肉丸子和適量清水，以小火熬煮約30分鐘。

4. 再入金針和冬粉，續煮至再次沸騰，加鹽調味，即可食用。

糖蜜綠豆沙

【清熱、提振食欲、緩和情緒】

這道甜品能補充懷孕中期所需的蛋白質、鈣質、維生素和礦物質，且具有清熱作用。若到懷孕中期仍然胃口不佳的準媽媽，除了正餐少量多餐之外，於點心時間適量食用這道甜品，以提振食欲、補充體力，並且消除焦燥不安的情緒。

【材料】1餐份

綠豆仁60g、牛奶300cc

【調味】

糖蜜少許

【作法】

1.綠豆仁洗淨後，放入鍋內，以1杯清水蒸煮約20分鐘。

2.取出綠豆仁，加入牛奶和糖蜜，即可食用。

什錦水果盅

【調節腸胃功能、改善貧血、增強抵抗力】

懷孕中期須注意鐵質的攝取，以預防貧血，而適度補充維生素C，有助身體對鐵質的吸收，並幫助胎兒發育正常。食用各種水果，除了能使營養成分互補之外，豐富的膳食纖維能調節腸胃功能，避免因子宮壓迫腸胃而引起的便祕。充分的維生素C則能預防感冒，增加抵抗力。

【材料】1餐份
原味優格200cc、奇異果少許、火龍果少許、柳橙少許、香蕉少許

【作法】
1.將水果洗淨，去皮切塊。
2.加入原味優格，稍微拌勻，即可食用。

三寶精力奶

【均衡營養、幫助胎兒發育】

當準媽媽食欲不振或飲食不均衡時，不妨適度食用甜品或飲品，甜品容易讓人心情愉悅、飲品有益吸收，尤其是營養豐富的飲品，更能補充正餐的不足。這道甜品含豐富維生素、酵素、卵磷脂和鈣質，提供母體均衡養分、幫助胎兒完整發育，更能讓準媽媽保持好心情。

【材料】1餐份

牛奶300cc、三寶粉1大匙、鮮山藥30g、蘋果1/2個、苜蓿芽少許

【作法】

1.苜蓿芽洗淨後，用冷開水再次沖洗，瀝乾多餘水分，備用。

2.鮮山藥、蘋果切丁，備用。

3.在食物調理機內，放入全部材料，攪打至呈液體，即可取出飲用。

木瓜全脂牛奶

【預防便祕、暢通乳腺】

帶有濃烈香氣的木瓜，無論生吃或熟食兩相宜，能供給人體所需的多種維生素和礦物質，以及蛋白分解酵素和膳食纖維，具有美膚、預防便祕、使乳房保持彈性的效用。懷孕中期適度食用木瓜牛奶，能避免因便祕引起不當解便動作而造成的後遺症。

【材料】1餐份

木瓜1/2個（約250g）、牛奶350cc

【調味】

果寡糖少許

【作法】

1.木瓜洗淨，削皮去籽後，切成小塊狀，備用。

2.在果汁機內，放入木瓜、牛奶和果寡糖，攪打成汁，即可取出飲用。

生薑烏梅飲

【止嘔、消除脹氣】

烏梅具有斂肺、澀腸、生津的功效，搭配生薑和其他藥材煎煮的湯汁，使這道飲品能改善懷孕中期常見的胃脹氣，並且有止嘔作用，此外，還能預防因飲食不當所引起的腹鳴、腹瀉。

【材料】2餐份
陳皮1錢、烏梅1兩、黑棗1兩、甘草2錢、生薑少許

【調味】
果寡糖少許

【作法】
1.將所有材料和1000cc清水，以小火煎煮約1小時。

2.過濾後，取湯汁（煎煮後約剩500cc）加入果寡糖，分二次飲用。

甘蔗檸檬汁

懷孕期間千萬不得任意服用成藥，否則有可能影響胎兒的發育，因此準媽媽的健康格外重要，除了平日多加保暖之外，宜透過適當飲食，增強抵抗力，預防感冒。若準媽媽不慎感冒，不妨飲用這道飲品，減緩感冒初期的喉嚨痛、發炎等不適。製作時，請勿加溫過熱，以免維生素的流失。

【材料】1餐份

甘蔗汁350cc、檸檬汁50cc

【作法】

1.將甘蔗汁隔水加熱至約50℃時，取出。

2.加入檸檬汁，攪拌均勻，即可飲用。

我的懷孕飲食筆記

我的懷孕飲食筆記

【本期調理目的】

強化養分攝取、消水腫、注意妊娠疾病

懷孕後期，準媽媽「帶球走路」的負擔越來越重，這個階段的飲食重質不重量，以補充體力、強化養分的攝取為前提，例如：每天補充足夠的鐵質，以儲存母體自懷孕至分娩所需，並提供胎兒出生後的成長需求。另外，宜針對個人的體質，注意妊娠疾病或水腫、便祕等問題，透過飲食調理，緩和不適。請特別注意：在懷孕後期（臨盆前三個月），建議不要食用任何含有藥性的補品。

【第参章】

懷孕後期

芝麻黑豆漿在懷孕後期扮演著主食和飲品的雙重角色，富含維生素A、B、D、E，以及脂肪、蛋白質和礦物質，是準媽媽補充營養的功臣，適度食用，有助於肝臟的解毒功能、淨化血液、改善過敏體質，同時能預防妊娠引起的黑斑、面皰等皮膚問題。我建議：黑芝麻可以多炒一些，以密封罐保存；黑豆一次煮約1斤，分成小袋包裝，放入冰箱冷藏，每次使用時較方便。另外，冷開水可以用牛奶取代，營養更加分！

【材料】1餐份
黑芝麻1/2大匙、黑豆（煮熟）1杯

【調味】
果寡糖2小匙

【作法】
1.在鍋內乾炒黑芝麻至香味溢出，靜置待涼，備用。
2.將黑芝麻、黑豆、400cc冷開水放入果汁機內，打至呈漿狀，再加入果寡糖，即可飲用。

紫米（或稱黑糯米）屬全穀類，比精製白米或白麵的營養價值更高，富含澱粉、維生素B群和E、鐵質、膳食纖維等養分，具有強化神經系統、增進消化吸收的功能。這道飯糰能補中益氣、溫暖脾胃，有助於體質特別虛弱的準媽媽，提升消化和吸收的效能。

【材料】2餐份

紫米1/2杯、圓糯米1/2杯、海苔香鬆少許、啤酒酵母粉1小匙

【調味】

壽司醋2大匙

【作法】

1.兩種米分別洗淨後，紫米以清水浸泡1小時，圓糯米以清水浸泡約半小時，分裝於兩個容器，蒸煮至熟。

2.兩種米飯中分別加入1大匙壽司醋，混合拌勻。

3.將米飯分別放入模型內，壓至緊實後，倒扣出來，再沾裹海苔香鬆和酵母粉，即可食用。

奶油蛋黃義大利麵

這道主食含有維生素B群、鈣質、蛋白質、氨基酸等營養素,能補充準媽媽在懷孕後期容易消耗的體力,適度食用,有助於增強母體對抗病毒的能力。

【材料】1餐份

義大利螺旋麵60g、鴻禧菇50g、土雞蛋黃2個、洋蔥30g、雙色甜椒50g、大蒜末5g、巴西里少許

【調味】

橄欖油1大匙、鮮奶油100cc、粗黑胡椒粉少許、鹽少許

【作法】

1.食材洗淨,洋蔥、甜椒切丁,鴻禧菇撕小朵狀,備用。

2.以深鍋煮沸清水,放入義大利螺旋麵和少許鹽,煮約6分鐘後,撈出,瀝乾水分。

3.熱鍋後,放入橄欖油、洋蔥、鴻禧菇,炒至香味溢出後,加入義大利螺旋麵、鹽、胡椒粉、甜椒
   等,續炒約2分鐘。

4.再入大蒜末、蛋黃、鮮奶油混合拌勻,起鍋前撒入巴西里即可。

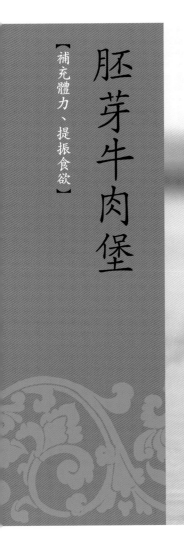

胚芽牛肉堡

【補充體力、提振食欲】

這道維生素和蛋白質均衡組合的料理，無論是當正餐或點心，都令人有飽足感。到懷孕後期，「帶球走路」的負擔越來越重，體力消耗得比以往更快速，若是沒有胃口或過於忙碌的準媽媽，不妨選用這道製作簡便、營養豐富的料理，以補充身體所需。

【材料】1餐份

胚芽麵包少許、滷牛腱60g、苜蓿芽少許、小黃瓜少許、洋蔥少許、番茄少許

【調味】

千島沙拉醬少許

【作法】

1.蔬菜洗淨，苜蓿芽瀝乾水分，小黃瓜斜切成薄片，洋蔥、番茄切片，備用。

2.滷牛腱切片。

3.將全部材料夾入胚芽麵包裡，再依喜好擠入少許千島沙拉醬，即可食用。

小魚拉麵

懷孕期間，準媽媽必須攝取足夠的鈣質，除了預防自己發生抽筋或骨質疏鬆之外，更可以提供胎兒發育所需，而這道拉麵的湯頭正能提供充分的鈣質和蛋白質。高湯作法：大骨1支以沸水汆燙洗淨後，加入丁香小魚乾120g、醋1大匙、清水3000cc，以小火熬煮約2小時，再加入柴魚片少許、乾海帶1片，續煮2分鐘，熄火後，過濾出湯汁，分袋包裝，待涼後，放入冰箱冷藏或冷凍，使用前再取出回溫，使用方便。

【材料】1餐份
日式拉麵1人份、豬肉片（火鍋用）80g、玉米粒（罐裝）15g、海藻少許、蔥末少許

【調味】
大骨小魚高湯500cc、鹽少許

【作法】
1.湯鍋內煮沸高湯，加入少許鹽後，放入肉片稍微涮至九分熟，熄火，再入海藻和玉米粒，備用。
2.另取深鍋煮沸清水，放入日式拉麵煮至麵心熟透後，撈出，裝盛於大碗內。
3.最後將肉片和高湯倒入裝盛拉麵的碗內，再撒上蔥末，即可食用。

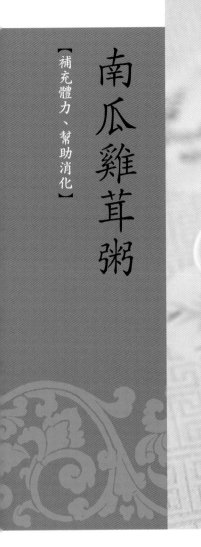

南瓜雞茸粥

【補充體力、幫助消化】

南瓜有「金瓜」之稱，含豐富的澱粉、礦物質和類胡蘿蔔素，以及維生素A、B1、B2、C，有助於身體消化和吸收的功能，而且瓜肉鬆軟甘甜，非常美味。若是濕熱體質或有皮膚問題的準媽媽，宜酌量攝取，不宜食用過多；而患有糖尿病的準媽媽，建議與山藥搭配食用。

【材料】2餐份

米1/2杯、南瓜100g、雞胸肉100g、薑片4片

【調味】

高湯500cc、鹽少許

【作法】

1.食材洗淨，南瓜去籽後切丁，雞胸肉去皮後剁成泥狀，備用。

2.在湯鍋內，放入米和2杯清水，煮約20分鐘。

3.再加入高湯、南瓜、薑片，煮至再次沸騰，轉小火，續煮約5分鐘。

4.最後入雞肉，煮熟後，加鹽調味，即可食用。

白鯧的膽固醇和醣類含量在魚類中偏高,所以患有高血脂、冠心病者不宜多食,而脾胃虛弱、貧血的人則不妨多吃。這道料理能補充準媽媽所需的蛋白質、菸鹼酸以及維生素A、D、B1、B2,適度食用,有強化骨骼、預防貧血,並預防母體因鈣質不足而引起的牙齒損壞。

【材料】1餐份

鯧魚100g、檸檬1/4個

【調味】

味噌30g、味醂1小匙、料理米酒1小匙

【作法】

1.將味噌、味醂、料理米酒混合拌勻後,放入切片的鯧魚,醃漬6至8小時。

2.以清水稍微沖洗掉魚片上的味噌後,放入預熱至170℃的烤箱,烤約8分鐘,取出,擠上檸檬汁,趁熱食用。

清蒸鮮魚

【補充體力、促進新陳代謝】

新鮮的魚肉含有維生素A、D以及鈣、磷、蛋白質，而且肉質細嫩，比其他肉類更容易消化、吸收。各種魚肉都含有很高的營養價值，但是每種魚肉的營養素並不一樣，所以多加攝取各種魚肉，就能補充全方位的營養。這道料理的淋醬也可以用微波爐加熱後，再澆淋於魚肉上。

【材料】1餐份

新鮮時魚（鱸魚或黑鯛）120g、蔥少許、薑少許、辣椒少許

【調味】

酒1小匙、油2小匙、香油1小匙、醬油2小匙、魚露1/2小匙、味醂2小匙

【作法】

1.食材洗淨，蔥、薑、辣椒切絲，備用。

2.將魚肉斜劃兩刀後，放在盤內，淋上酒和薑絲，備用。

3.蒸鍋內加水煮至沸騰後，放入魚肉，以大火蒸煮約10分鐘，起鍋後，擺上蔥絲和辣椒絲。

4.在鍋內倒入油和香油，待加熱後，淋在魚肉上的蔥絲、辣椒絲。

5.在鍋內倒入醬油、魚露、味醂和1大匙清水，混合加熱後，淋在魚肉上即可。

深綠色的芥蘭菜含有豐富的鈣質，香菇富含維生素B群、多種礦物質和膳食纖維，兩者相互搭配後，能補充懷孕後期所需的營養素，適量食用，能提高新陳代謝的能力、強化造血功能、幫助消化、預防便祕。蠔油則有開胃效果哦！

【材料】1餐份
芥蘭菜200g、香菇2個、鰹魚片少許、薑片2片

【調味】
油1/2大匙、蠔油2小匙、味醂1小匙

【作法】
1.食材洗淨，香菇以清水浸泡至軟後切片，芥蘭菜以沸水汆燙至熟，備用。
2.將芥蘭菜鋪排於盤內，備用。
3.熱鍋後，倒入油，爆香薑片，放入香菇、蠔油、味醂和半杯清水，煮約3分鐘。
4.起鍋後，澆淋於在芥蘭菜上，最後再撒上鰹魚片即可。

香鬆白灼野菜

【利尿、調節神經系統、穩定情緒】

這道料理主要補充維生素和膳食纖維，於懷孕後期食用，具有保護腦部、調整神經系統功能、穩定情緒等功效，尤其是對患有高血壓的準媽媽而言，更有利尿、降血壓的效果。水芹可於超市購買，有本地和進口的不同品種之分，亦可用山芹菜替代。

【材料】1餐份
水芹200g、海苔香鬆少許

【調味】
香菇鮮美露1大匙、油少許、糖少許、鹽少許

【作法】
1.水芹洗淨後切段，備用。
2.在鍋內煮沸清水，加入水芹、油、鹽、糖，汆燙約2分鐘。
3.撈出水芹，瀝乾多餘水分，裝盤，再撒上香菇鮮美露和海苔香鬆即可。

馬鈴薯又稱洋芋,含有澱粉質、維生素和鉀元素,適度食用,能促進肝臟機能,使細胞有彈性、肌肉組織變得更柔軟,可預防準媽媽於懷孕後期因用力不當而導致腰痠背痛。

【材料】1餐份

馬鈴薯1個、蔥少許、辣椒少許

【調味】

油2小匙、花椒粒1小匙、醋1小匙、味醂1小匙、鹽少許

【作法】

1.食材洗淨,馬鈴薯削皮切絲後以清水沖洗,蔥、辣椒切絲,備用。

2.熱鍋後,倒入油,炒香花椒粒,加入馬鈴薯快炒約3分鐘。

3.再入鹽、醋、味醂等調味料後,熄火,拌入蔥絲和辣椒絲即可。

【促進血液代謝、強壯體能】

這道料理含有豐富的維生素A、B群、C，以及碘、磷、鐵、鈣等營養素，能補充準媽媽懷孕後期所需的養分和體力，進而強化肝臟、脾臟功能，促進血液的代謝，並且改善身體的酸鹼值，減少疲勞，使體內的新陳代謝正常。

【材料】2餐份

有機黃豆120g、海帶根30g、毛豆60g

【調味】

香菇鮮美露2大匙、味酥1大匙

【作法】

1.食材洗淨，黃豆以清水浸泡約1小時，海帶根以清水浸泡至軟，毛豆洗去外膜，備用。

2.在深鍋內放入黃豆，加入適量清水以淹覆黃豆，煮（或蒸）1小時至黃豆變軟。

3.再入毛豆、香菇鮮美露、味酥，煮至再次沸騰後，轉小火，續煮約5分鐘。

4.最後加入海帶根，再煮約2分鐘，即可起鍋。

洋蔥的營養分成並不高，但因爲含有生理活性物質，具有殺菌、增強免疫力、降血脂、改善過敏體質和促進新陳代謝等功效，而躍升爲保健食材。這道料理結合豬排、洋蔥、洋菇，除了補充準媽媽所需蛋白質之外，更有預防感冒、增強肝腎解毒和抗菌的功能。

【材料】1餐份

豬排100g、洋蔥80g、洋菇50g

【調味】

酒1小匙、麵粉10g、胡椒粉少許、奶油15g、番茄醬15g、辣醬油1小匙、味醂1小匙、鹽少許

【作法】

1.食材洗淨，洋蔥切絲，洋菇切片。

2.豬排以肉槌敲鬆後，均勻塗抹鹽、胡椒粉、酒和麵粉，備用。

3.熱鍋後，放入奶油，加入豬排略煎，續入洋蔥炒至軟化呈透明狀。

4.再加入番茄醬、辣醬油、味醂、洋菇，混合拌炒後，加入少許清水，轉小火，續煮約4分鐘即可。

事前調製好鮮茄莎莎醬：番茄丁50g、洋蔥丁30g、大蒜末5g、九層塔末少許、巴西里少許、黑胡椒少許、鹽少許、葡萄香醋1小匙、味醂1小匙、橄欖油2小匙，混合拌勻後，無論搭配麵包或肉排，都非常對味。適度食用這道鮮茄牛小排，具有補血、改善疲倦感、預防感冒的功效，還能幫助胎兒發育。

【材料】2餐份
去骨牛小排200g、柴魚片少許、洋蔥30g

【調味】
味噌15g、味醂1小匙、酒2小匙、鮮茄莎莎醬適量

【作法】
1.牛小排洗淨後，均勻沾抹味噌、味醂、酒、洋蔥和柴魚片後，放入冰箱約1天，使其入味。
2.隔天將牛小排蒸40分鐘。
3.再放入預熱至170℃的烤箱，烤約10分鐘。
4.將烤好的牛小排切片，食用時沾裹自製的鮮茄莎莎醬。

冬瓜具有利水、消腫、通便的功效，於懷孕期間食用，能預防肢體浮腫、減輕心臟負擔、避免罹患尿道炎，連皮食用，效果更好；干貝則能改善焦慮的情緒、幫助骨骼發育。適量食用這道料理，對懷孕後期有保健作用。

【材料】1餐份

冬瓜300g、干貝2個、薑片2片、香荽少許

【調味】

油2小匙、香菇鮮美露2大匙

【作法】

1.食材洗淨，冬瓜去籽後切厚片，干貝以清水浸泡至軟後撕成絲狀，備用。

2.熱鍋後，倒入油，炒香薑片後，加入干貝絲拌炒，再加入香菇鮮美露、100cc清水和冬瓜，轉小火，燜煮約8分鐘。

3.起鍋前，加入香荽即可。

油豆腐燉蘿蔔

【強化血管、修護細胞、預防便祕】

白蘿蔔含有豐富的膳食纖維、各種維生素和礦物質，能消除脹氣、利尿，減少尿道炎和水腫的症狀；搭配豬小排和油豆腐，加強鈣質，使營養更均衡。懷孕後期間食用這道料理，能強化血管、修護細胞、預防便祕，讓生產更順利。

【材料】2餐份
白蘿蔔300g、有機油豆腐（小）4個、豬小排80g、蒜苗少許

【調味】
胡椒粉少許、鹽少許

【作法】
1.食材洗淨，白蘿蔔削皮後切塊，豬小排以沸水氽燙沖洗，備用。
2.在深鍋內，放入白蘿蔔、豬小排和適量清水，燉煮約30分鐘。
3.加入油豆腐，續煮約10分鐘。
4.最後加入鹽、胡椒粉和蒜苗，再次煮至沸騰，即可起鍋。

赤小豆，別名紅豆，味甘、酸，性平，具有利水除濕、和血排膿、消腫解毒的功效，主治水腫、腳氣、便血等。懷孕後期的準媽媽普遍會出現虛弱、疲累、水腫的症狀，我建議以這道湯品來補充鈣質、緩和肢體浮腫、改善心臟無力等現象。

【材料】2餐份
鯉魚1隻（約350g）、蔥1支、赤小豆80g、茯苓5g、老薑皮3片、蔥段少許

【調味】
油1大匙、鹽少許

【作法】
1.食材洗淨，鯉魚拭乾多餘水分，備用。
2.熱鍋後，倒入油，放入鯉魚煎至兩面皆呈金黃色，取出。
3.湯鍋內放入鯉魚、赤小豆、茯苓、老薑皮、800cc清水，以小火煮20分鐘，起鍋前加鹽和蔥即可。

蓮子山藥雞湯

【益氣養血、補充體力、穩定情緒】

烏骨雞性平味甘，含有多種人體必需氨基酸、維生素和礦物質，具有補肝腎、益氣養血的功效，適度食用，有滋補強身、提高免疫功能。懷孕後期最重要的是攝取各種營養，儲備生產所需的體力，同時保持輕鬆的好情緒。這道湯品的熱量不高，養分卻很充足，能緩和準媽媽因體力不足而引起的疲累感。

【材料】3餐份
烏骨雞半隻（約700g）、鮮山藥100g、鮮蓮子100g、紅棗8個、薑片2片

【調味】
酒1大匙、鹽少許

【作法】
1.食材洗淨，烏骨雞以沸水汆燙沖洗，鮮山藥削皮切塊，紅棗去籽，備用。
2.在湯鍋內放入烏骨雞、紅棗、薑片、酒和1000cc清水，以小火燉煮約30分鐘。
3.再加入鮮山藥、鮮蓮子，續煮約10分鐘，起鍋前加鹽調味即可。

大黃瓜含有鈣、磷、鐵、菸鹼酸、膳食纖維和多種維生素等養分，熬煮成湯，湯汁清爽、營養均衡，於懷孕後期適度食用，能促進腸胃排除體內腐敗物質，有助於保持肌膚的美白、細嫩，同時能預防妊娠的掉髮問題。

【材料】2餐份

大黃瓜300g、豬絞肉100g、金針菇少許、蔥末少許、薑末少許、蛋白少許

【調味】

酒少許、鹽少許、太白粉少許、胡椒粉少許、香油少許

【作法】

1.食材洗淨，大黃瓜切片，金針菇切除尾部，備用。

2.絞肉以薑末、蔥末、蛋白、酒、鹽、太白粉、胡椒粉、香油等攪拌均勻，至呈現黏性。

3.在湯鍋內煮沸800cc清水，放入捏成小丸子狀的絞肉，以小火煮至沸騰。

4.加入大黃瓜，續煮約10分鐘，再入金針菇，煮至再次沸騰後，加鹽調味即可。

木耳豆腐銀魚湯

【預防抽筋、強化心臟機能、預防便祕】

這道製作簡便、營養豐富的湯品，能預防懷孕後期容易抽筋的現象，適度食用，能使血管更有彈性、強化心臟功能、預防便祕和痔瘡。銀魚和豆腐都含有豐富的鈣質，是準媽媽和胎兒不可或缺的養分，不妨多加利用。大部分的小魚乾在加工過程已加入有鹽分，所以烹煮時不需再加鹽。

【材料】1餐份
黑木耳50g、豆腐1個、銀魚（丁香或鮘仔魚）50g、蔥1支

【調味】
高湯400cc

【作法】
1.食材洗淨，黑木耳切絲，豆腐切條狀，銀魚以冷開水稍微沖洗，蔥切段，備用。
2.在湯鍋內煮沸高湯後，放入黑木耳、豆腐煮約3分鐘，再入銀魚，煮至再次沸騰。
3.起鍋前放入蔥段即可。

金桔含有豐富的維生素，具有預防色素沉澱、減緩老化、使肌膚有彈性、健胃整腸、止咳化痰等效果。優酪乳含有健康益菌，能促進腸胃機能，保持良好的新陳代謝，加強營養的吸收。建議選購機能型的優酪乳，效果更佳。

【材料】1餐份
優酪乳200cc、金桔4個

【作法】
1.將金桔洗淨後，壓榨成汁。
2.混合金桔汁和優酪乳，即可飲用。

什錦水果奶凍

【改善妊娠搔癢】

這道甜品含有鈣質、脂肪、蛋白質和維生素，能補充懷孕後期所需的養分。尤其是各種水果的組合，非但給人視覺上的享受，而且品嘗起來涼爽、酸甜，讓人心情放鬆，能改善準媽媽的妊娠搔癢症。蔓越莓更是近來養生保健的寵兒，適量食用，對母體和胎兒都有益處。

【材料】3餐份
鮮奶油200cc、鮮奶300cc、吉利丁3片、奇異果少許、水蜜桃少許、蔓越莓少許、小番茄少許

【調味】
糖60g

【作法】
1.鮮奶和鮮奶油混合均勻，備用。
2.吉利丁以冷開水浸泡約30分鐘至軟化。
3.在鍋內加熱鮮奶和鮮奶油，煮至沸騰後，加入糖，續煮至糖融化，熄火。
4.再入吉利丁片，攪拌至融化後，靜置至稍涼，分裝至模型，放入冰箱冷藏。
5.食用時，將各種水果切丁，鋪在奶酪上即可。

【預防感冒、修護身體細胞、增強造血機能】

若將番茄和奇異果混合攪打比較方便，但是分開攪打的外觀和口感將給人意外驚喜。懷孕後期需要大量維生素C和膳食纖維以合成養分，而奇異果的鉀元素和酵素，能分解蛋白質，進而消除疲勞；番茄的維生素B6、P和葉酸，能增強造血機能，使血管保持彈性，預防皮膚粗糙暗沉。這道神奇的果汁能補充維生素和果膠，對於修護身體細胞和預防感冒等也有不錯成效。

【材料】1餐份
小番茄20個、奇異果1個

【調味】
果寡糖少許、鹽少許

【作法】
1.小番茄洗淨，以沸水稍加汆燙後，去皮、去籽，備用。
2.在果汁機內，放入小番茄、果寡糖、鹽和適量冷開水，攪打成番茄汁，倒入杯內。
3.奇異果去皮後，放入果汁機內，混合果寡糖、適量冷開水，攪打均勻。
4.將奇異果汁倒入番茄汁，即可飲用。

酵母鳳梨蔬果汁

【預防便祕、修護身體細胞、強健胎兒骨骼】

芽類食材含有豐富的多種酵素、葉酸和維生素，能修護細胞組織、幫助血液凝固、強健胎兒骨骼的發育，並且預防便祕，是懷孕後期不可或缺的調理。

【材料】1餐份
鳳梨100g、蘋果50g、蕎麥芽少許、苜蓿芽少許

【調味】
果寡糖少許

【作法】
1.食材洗淨後，鳳梨削皮切塊，蘋果連皮去籽切塊，蕎麥芽和苜蓿芽以冷開水沖洗。
2.將所有材料放入果汁機內，加入冷開水和果寡糖，攪打成蔬果汁，即可飲用。

懷孕後期陸續會出現氣虛、水腫、體力不足的現象，甚至連走路都會喘。這道茶飲具有利水消腫和補氣的作用，適度飲用，能改善腳部浮腫的不適。若有水腫和尿血等泌尿問題合併出現時，則將黃耆和桂皮改換成豬苓3錢、藕節1兩、白茅根1兩，即能改善妊娠尿道出血的問題。

【材料】1餐份
茯苓3錢、黃耆5錢、桂皮3錢、老薑皮1兩、冬瓜皮6兩

【作法】
1.將所有材料和1200cc清水，以小火熬煮約30分鐘。
2.過濾後，取湯汁當茶水飲用。

利用糯米1杯和清水1200cc熬煮約20分鐘，過濾湯汁成爲米漿。以米漿沖泡藥材而成的湯汁，具有止咳化痰、補氣虛的功效，是改善感冒時全身無力的飲品，對妊娠感冒引起的咳嗽或喉嚨痛等不適，有舒緩作用。川貝粉和西洋參粉可於中藥店購買。

【材料】1餐份
川貝粉1.5錢、麥門冬3錢、西洋參粉2錢、紅棗3個、杏仁2錢、甘草1錢

【調味】
米漿500cc

【作法】
1.紅棗去籽。
2.將米漿煮至沸騰，趁熱沖泡所有的材料，燜約15分鐘，即可飲用。

我的懷孕飲食筆記

我的懷孕飲食筆記

全穀類

例如：糙米、大麥、蕎麥、全麥製品等，為醣類主要來源，而且含有豐富的膳食纖維、維生素E和B群、鈣質、鐵質、葉酸和部分蛋白質，都是懷孕期間不可或缺的營養素。懷孕期間最好每一餐都有全穀的食物，能提供孕婦充分的飽足感，並且改善子宮壓迫靜脈所造成的便祕、痔瘡等不適。

堅果類

例如：栗子、腰果、杏仁、花生等，為植物脂肪的食物來源，富含多元不飽和脂肪酸，於懷孕期間食用適量的堅果類，除了補充熱量之外，更能促進脂溶性維生素A、D、E、K的吸收和利用，並且補充微量元素。若以植物油脂烹調食物，還能增加食物的芳香味，以及食用時的飽足感。

芽菜類

例如：苜蓿芽、蘿蔔嬰、黃豆芽、豌豆苗等，含有優質蛋白和氨基酸，更有各種維生素、鐵、鈣和鋅等營養素，懷孕期間適量食用，有助改善妊娠造成的皮膚粗糙、色素沉澱、頭髮分叉、便秘和貧血等不適。芽菜類所含的水溶性維生素，極易於烹調時流失，必須減少加熱時間或生食，清洗時不宜長時間浸泡。

肉類

例如：牛肉、豬肉、羊肉、雞肉，是蛋白質、鐵質、鈣質和各種維生素豐富的食物來源，尤其是維生素B12都來自動物性食物（素食者宜注意維生素B12的缺乏），懷孕期間均衡攝取，有益健康。此外，紅色肉類的含鐵量較高，若和富含維生素C的食物搭配食用，有助於鐵質的吸收。

魚類

例如：鱸魚、鱈魚、魩仔魚、小魚乾等，含有豐富的蛋白質、各種維生素、礦物質，以及少許脂肪，尤其是帶骨小魚或小魚乾的含鈣量更是豐富。魚類比肉類更容易被人體消化，懷孕期間適量食用，無論對母體或胎兒的生長發育，都有幫助。

奶類及乳製品

例如：牛奶、優酪乳、乳酪等，含有豐富的必需氨基酸、鈣質、維生素D和B群，而且容易被人體消化、吸收，長期以來被視為最方便的營養補充品。懷孕期間適量補充奶類及乳製品，除了能預防抽筋和骨質疏鬆之外，更能提供胎兒發育所需的養分。若有乳糖不適症者，則不妨以乳製品取代鮮奶。

根莖類

例如：地瓜、芋頭、馬鈴薯、蓮藕等，屬多醣類食物，富含澱粉、硒元素等，能提供每日所需的養分和熱量，建議孕婦宜以根莖類替代精緻的甜食或含糖飲料。此外，澱粉含量較高的食物，烹調時空避免高溫油炸，以免產生丙烯醯胺；若根莖類發芽或皮色變綠、紫時，含有毒素，不宜食用。

干貝

干貝是貝類的煮乾品，指將新鮮原料煮熟後再乾燥製成。干貝含有優質的蛋白質，容易被人體吸收，不會造成腸胃的負擔，並且具有安定神經的功效，懷孕期間適量食用，對於疲勞而引起的神經和眼睛等不適，有改善作用。此外，干貝熬湯能提高湯品的鮮美，提升食欲。

香菇

香菇富含維生素B群、維生素D原（經日曬轉化成維生素D）、多種礦物質、纖維質和多種微量元素。懷孕期間適量食用，能提高新陳代謝的能力、增強免疫力，並且預防骨質疏鬆，對普遍缺乏維生素B群的素食者而言，更是飲食中不可或缺的食材。而且香菇帶有的特殊香味更讓飲食成為一種享受。

菠菜

菠菜屬深綠色蔬菜，富含各種維生素、礦物質與膳食纖維。懷孕期間多食用菠菜，能補充鈣質和鐵質，改善懷孕期間的貧血與抽筋等不適。選購菠菜時，以根部略帶紅色者為佳；其所含的維生素C容易受氧化破壞，若長時間煮沸將使養分流失，建議烹調時採用涼拌或快炒，以縮短加熱時間。此外，若沒有菠菜時，宜多補充其他深綠色蔬菜。

白蘿蔔

白蘿蔔含有碳水化合物、各種維生素、鐵和磷等養分。豐富的維生素具有整腸作用、預防便秘、幫助消化，更有清熱去燥的功效。懷孕期間適量食用白蘿蔔，能消除脹氣、利尿，減少尿道炎和水腫的症狀。

胡蘿蔔

胡蘿蔔含有各種維生素、鉀、鈣、磷、鐵等，其含量遠比淺色蔬菜更多。懷孕期間適量食用，熟食能健胃、整腸、明目，生食能清熱、解毒、潤腸、通便。尤其是胡蘿蔔所含的豐富 β 胡蘿蔔素，是轉化成維生素A的前趨物，能提高母體和胎兒的免疫力。建議於飯後食用，更易被人體消化和吸收。

薑

薑依成熟度的不同，分爲嫩薑和老薑。老薑的外皮顏色較深、觸感較粗、纖維較多，其辣味比嫩薑重。老薑可入藥，嫩薑多用於煮食或生食。薑能中和寒涼食物的屬性，具有健胃、驅寒、發汗等效用。此外，薑是最天然的抗噁心良藥，懷孕期間適量服用，能改善害喜時的不適，無論入菜或飲品，效果都不錯。

芝麻

芝麻具有健腦益智、防止動脈硬化，以及抗老化的神奇作用，尤以黑芝麻的效果較白芝麻好。此外，芝麻含有豐富的維生素E，有助於改善懷孕期間因荷爾蒙改變所造成的皮膚不適，並且能促進血液循環和新陳代謝，使頭髮烏黑亮麗，適量食用，將可成爲漂亮、快樂的準媽媽。

豆類及豆製品

豆類及豆製品，例如：黃豆、大豆、豆腐、豆漿等，含有豐富的蛋白質、各種維生素和鈣質，是物美價廉的好食材。懷孕期間適量食用，有助於鈣質的攝取，尤其是對乳糖不適的孕婦，更應以豆漿取代牛奶，以維持身體所需養分。攝取鈣質時，應避免同時食用茶、可樂、草莓、巧克力、菠菜、核桃等含草酸食物，以利人體對鈣質的充分利用。

山藥

山藥富含澱粉、蛋白、各種維生素、礦物質和黏液質，更是種天然植物荷爾蒙，對於防治高血壓、糖尿病、癌症都有益處，屬於溫和的滋補品，是食材也是藥材，更是養顏、養生聖品。懷孕期間適量食用，有助於健脾、益氣、潤燥、補充元氣，以及調整內分泌，有效減緩妊娠引起的不適症狀。

味噌

味噌為傳統發酵品，主要原料為黃豆，含有豐富的維生素B12和酵素，具有整腸、促進腦部新陳代謝、降低膽固醇、抗老化等功效，近年來更被視為對抗癌症的新寵兒。懷孕期間（尤其是素食者）適量使用味噌調味，無論煮湯或燒肉，非但能補充所需的養分，又能提升食物的鮮美口感、增進食欲。

蘆筍

蘆筍屬於根菜類，含有蛋白質、脂肪、糖分、礦物質，以及大量的維生素和膳食纖維，營養豐富，具有防止血管硬化、促進新陳代謝、幫助消化的功能。此外，其微量元素硒，近年來被運用於抗癌，頗有成效。據研究，綠蘆筍的維生素C含量比白蘆筍高三倍。懷孕期間適量食用蘆筍，能刺激腸胃蠕動，排除體內廢物，減緩因子宮壓迫而形成的便祕。

番茄

番茄有「蔬果兼優」的特殊身分，生食熟食兩相宜。從蛋白質、脂肪、碳水化合物、鈣質、鐵質到各種維生素，養分應有盡有。漢方醫學認為番茄性平、味酸甘，有清熱解毒涼血平肝、解暑止渴的作用；近年來，更被視為抗癌、防老的神奇果實。懷孕期間適量食用，能減緩孕期的胃熱、口苦、牙齦出血等不適，並且補充各種所需營養素。

各種水果

臺灣盛產各種水果，例如：柳橙、蘋果、葡萄、奇異果、番石榴等，每種水果均有豐富的營養素。各種水果都提供人體所需的維生素和礦物質，然而所含的種類並不相同，不可互相取代或省略，就如農委會之前所推動的口號：「每日五蔬果，疾病遠離我。」懷孕期間可依季節不同，適量食用各種不同的水果，以維持營養均衡。

◆究竟「懷胎九月」或「懷胎十月」的說法有何不同？

◉達人解答：

　　足月的孕期平均為二百八十天（四十週），若以國曆計算，則為九個月左右；若以農曆計算則為十個月。婦產科醫師通常以懷孕前最後一次月經來潮的第一天開始，當作是懷孕第一天，而胚胎學則是從受精的第一天開始算起。再加上，每個女人的生理週期不同，所以會有兩至三個星期的誤差。所以醫師在產檢時所告知的預產期，只是一個參考日期，方便準爸媽們有心理準備。然而，無論寶寶比預產期提前或延後兩個星期報到，只要健康狀況良好都不需要擔心是否足月的問題。

◆懷孕期間，準媽媽的生理和心理都會有些微妙的變化，遇到各種不舒服的症狀，例如：害喜、頻尿、便祕、痔瘡、水腫、抽筋、腰痠背痛等，應該如何處理？是否有從飲食方面著手的方法？

◉達人解答：

　　每個孕婦的不適症狀都不盡相同，目前醫學尚無法完全找出真正原因，或許除了和個人體質、生第幾胎等有關之外，長輩們還有「囝仔癖」的傳統說法，意指每個胎兒的個性不同也會為母體帶來各種不同的症狀。以下是常見的幾種不適症狀和處理方法：

1.害喜

　　因為母體荷爾蒙、新陳代謝改變，或個人體質的關係，都有可能引起頭暈、噁心、孕吐、腹悶、胃酸逆流等害喜症狀。大部分的人過了四個月孕期，害喜症狀會消失；只有少數人是持續到臨盆。

　　處理方法：每天保持愉快的心情。臨睡前在床邊放點蘇打餅乾或穀類食物，起床時先食用後，再下床。薑是很好的天然止噁藥，平常可以切嫩薑薄片，含在舌頭下方，減輕噁心感。飲食以少量多餐為宜，避免「一頓久久，兩頓相堵」，以免胃酸分泌失調。引起每個人噁心感的食物不同，例如：油蔥、肉類等，在害喜階段則避免食用會令自己不舒服的食材，並且選擇較清淡、容易消化的食物。每次孕吐後，都應該漱口，以保持口腔衛生並除去噁心的味道。若有必要，可請專業醫師開立維生素B6的補充劑，減緩孕吐的症狀。

2.頻尿

因為子宮擴大壓迫膀胱，會造成孕婦隨時有尿意，甚至接近臨盆時，會有漏尿或失禁的症狀。

處理方法：有尿意就立即排尿，千萬不要憋尿，否則容易患有尿道炎。飲食方面，宜多攝取水分並適量補充利尿的食材，例如：各種水果、薏仁、黃耆、益母草。若怕頻頻跑廁所會影響夜間睡眠品質的話，則在晚餐過後減少液體的攝取。

3.便祕

因為子宮擴大壓迫直腸或造成小腸移位，就會減緩腸胃蠕動，引起便祕。另外，飲食缺乏膳食纖維或補充鐵劑時，亦會造成便祕。

處理方法：每天攝取充分的水分，多食用富含膳食纖維的蔬菜、水果和全穀類，保持胃腸正常的蠕動。依體能狀況，適度運動，以維持新陳代謝。養成定時排便習慣。若有必要，須請專業醫師開立軟便劑，千萬不能自行亂服成藥。

4.痔瘡

因為子宮擴大壓迫靜脈阻礙循環，或者便祕、腹瀉等用力不當，使靜脈內壓力增加，都是造成痔瘡的原因。

處理方法：養成定時排便習慣，避免便祕、用力蹲坐、久坐等，適量補充水分和含有膳食纖維的食物。必要時，以溫水坐浴，減緩不適。並請專業醫師開立軟便劑或外用止痛藥。

5.水腫和抽筋

因為血液循環不良以靜脈曲張等，懷孕後期，容易出現下肢水腫和抽筋的症狀。

處理方法：補充含鈣的食物，例如：牛奶、豆漿、小魚乾、大骨等，避免水腫和抽筋。保持下肢溫暖，使血液流通，並適時地按摩腿部。搭配腿部運動，把雙腿抬頭，靠住牆壁，促進下肢靜脈血的回流。睡覺時，在下肢處墊個枕頭，保持血液流通，以免半夜抽筋。

6.腰痠背痛

懷孕期間，因為子宮擴大增加腰背的負擔，以及荷爾蒙改變使關節軟化、鬆弛，若加上姿勢不良，會使腰痠背痛的感覺加劇。

處理方法：補充能強化腰膝的食物，例如：杜仲首烏燉雞、豬尾椎骨湯等（應用杜仲、川斷、牛膝和其他補氣養血的藥材）。避免彎腰、久站、久坐、拿重物或太過勞累，並且保持背部平直的正確姿勢，不要彎腰駝背，減輕背部的過度施力。

◆當害喜階段過後，準媽媽的胃口大開，該如何調整飲食習慣，以免暴飲暴食，使胎兒過大、產後身材恢復不易？

◈達人解答：

許多人在害喜階段，吃什麼吐什麼，很難有胃口，但是又擔心胎兒的營養不良，所以在害喜過後，無論是心理因素或生理變化而需要更多的營養以補充身體所需，這個時候就要避免暴飲暴食。我建議：除了正常的三餐之外，可以適時、適量地補充幾次點心，但是正餐的量要減少，也就是少量多餐才吃得下點心；其次，所吃的點心也需考慮營養價值，不要選用那些只有熱量和糖分的垃圾食物。

◆素食媽媽（或生機媽媽）如何吃出孕期的健康？

◈達人解答：

素食媽媽（或生機媽媽）普遍缺乏蛋白質、鈣質和維生素B群，這個時候，光是白米的營養並無法滿足身體所需。必須補充富含維生素B12的食物，例如：海藻類食物、味噌、酵母粉；富含鈣質的食物，例如：麥片、黑芝麻、豆腐或豆漿等黃豆製品，並配合陽光的照射，使體內產生維生素D，以幫助鈣質的攝取；此外，多食用含有維生素C的蔬菜水果，以利鈣質和鐵質的吸收。

我建議：除了多補充五穀雜糧、深綠色蔬菜、菇類、豆類、堅果類之外，另外可用山藥、蓮子、紅棗、黑棗調理，若有痛風體質者，食用較多的豆類後，宜補充利水、利尿的食材（如薏仁），以幫助身體加速代謝。而坊間的生機素材店，售有三寶粉（含小麥、胚芽等）、卵磷脂、酵素、黑麥汁等，能輔助正常飲食所缺乏的營養素，不妨依個人體質，適量選用，甚至補充鈣片和綜合維生素。

◆除了每天正常的三餐或點心之外，懷孕期間是否有必要補充營養補品？

◈達人解答：

　　有些人因為體質或腸胃不佳，而造成消化、吸收功能不健全，當母體營養不均衡時，非但不能供給自己懷孕期間所需的養分，甚至會影響胎兒的健康，而有發育、成長遲滯等問題。建議每次產檢時，應將身體相關的異常症狀與醫師討論，並透過超音波檢查，密切注意胎兒的發育是否正常，必要時，請教醫師是否需要額外補充哪些養分（例如：鐵質、鈣質等），再依狀況挑選適合的營養品。若母親和胎兒的體重都正常，則不需要額外食用營養補品。總之，除非體質需要，否則各種養分還是從食物中均衡攝取比較好。

◆如何透過飲食，達到優生保健？

◈達人解答：

　　生個健康可愛的寶寶是天下父母共同的願望，在懷孕期間，透過飲食調整，非但能給寶寶一個健康的體質，還能讓寶寶變聰明、變漂亮哦！例如：

1. 甘蔗汁：能補充身體所需的營養素，而且具有清胎毒的功效，讓寶寶的皮膚白白淨淨的，較不容易有皮膚方面的毛病。

2. 豆漿、牛奶、起司、小魚乾：充分的鈣質能維護母體身體機能、補充體力、避免骨本流失，更能強健胎兒腦部發育。若對乳糖敏感的孕媽咪則不妨以不含乳糖的豆漿替代牛奶飲用。

3. 綠花椰菜、菠菜等深綠色蔬菜：非但維生素含量較高，且有維生素K，能保護胚胎正常發育、避免異常出血或流產。此外，還能預防胎兒因為缺乏維生素K而致使血液凝固時間延長而患出血症。

4. 鮭魚、鱒魚、秋刀魚等魚類：各種魚類含有豐富的DHA，
DHA是一種多元不飽和脂肪酸，為大腦皮質中細
胞膜的成分，是構成腦神經突觸（負責傳遞
訊息）的重要物質。在懷孕或哺乳期間適
度食用各種魚類，能提升寶寶的記憶力
和學習能力哦！

國家圖書館出版品預行編目資料

秋香老師養身書01 懷孕食補料理／林秋香著

--初版--臺北市：積木文化出版；家庭傳媒城邦分公司

發行，民95

112面；21×28公分. （五味坊；42）

ISBN 978-986-7863-93-5（平裝）

1.食譜 - 中國　2.藥膳　3.妊娠

427.11　　　　　　　　　　　　　　94019722

五 味 坊 **42**

【秋香老師養身書01】

懷孕食補料理

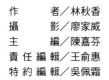

作　　　者／林秋香
攝　　　影／廖家威
主　　　編／陳嘉芬
責 任 編 輯／王俞惠
特 約 編 輯／吳佩霜

發　行　人／涂玉雲
總　編　輯／王秀婷
版　　　權／向艷宇
行 銷 業 務／黃明雪、陳志峰
出　　　版／積木文化
　　　　　　台北市104中山區民生東路二段141號5樓
　　　　　　電話：(02)25007696　　傳真：(02)25001953
　　　　　　官方部落格：www.cubepress.com.tw
　　　　　　讀者服務信箱：service_cube@hmg.com.tw
發　　　行／英屬蓋曼群島商家庭傳媒股份有限公司城邦分公司
　　　　　　台北市民生東路二段141號2樓
　　　　　　讀者服務專線：(02)25007718-9　　24小時傳真專線：(02)25001990-1
　　　　　　服務時間：週一至週五上午09:30-12:00、下午13:30-17:00
　　　　　　郵撥：19863813　　戶名：書虫股份有限公司
　　　　　　網站：城邦讀書花園　網址：www.cite.com.tw
香港發行所／城邦（香港）出版集團有限公司
　　　　　　香港灣仔駱克道193號東超商業中心1樓
　　　　　　電話：852-25086231　　傳真：852-25789337
　　　　　　電子信箱：hkcite@biznetvigator.com
馬新發行所／城邦（馬新）出版集團
　　　　　　Cite (M) Sdn. Bhd.
　　　　　　41, Jalan Radin Anum, Bandar Baru Sri Petaling,
　　　　　　57000 Kuala Lumpur, Malaysia.
　　　　　　電話：603-90578822　　傳真：603-90576622

美 術 設 計／楊啟巽工作室
製　　　版／上晴彩色印刷製版有限公司
印　　　刷／東海印刷事業股份有限公司

城邦讀書花園
www.cite.com.tw

2006年（民95）1月10日初版　　　　　　　　　　Printed in Taiwan.
2012年（民101）11月16日初版7刷

售價／350元
ISBN 978-986-7863-93-5

特別感謝呂嘉靖先生提供收藏以供拍攝

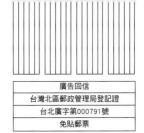
積木文化

104 台北市民生東路二段141號2樓

英屬蓋曼群島商家庭傳媒股份有限公司　城邦分公司

請沿虛線對摺裝訂，謝謝！

部落格　**CubeBlog**
cubepress.com.tw

臉　書　**CubeZests**
facebook.com/CubeZests

電子書　**CubeBooks**
cubepress.com.tw/books

積木生活實驗室

部落格、facebook、手機app
隨時隨地，無時無刻。

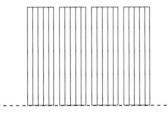

積木文化　讀者回函卡

積木以創建生活美學、為生活注入鮮活能量為主要出版精神，出版內容及形式著重文化和視覺交融的豐富性，為了提升出版品質，更了解您的需要，請您填寫本卡寄回（免付郵資），或上網 www.cubepress.com.tw/list 填寫問卷，我們將不定期寄上最新的出版與活動資訊，並於每季抽出二名完整填寫回函的幸運讀者，致贈積木好書一冊。

1.購買書名：＿＿＿＿＿＿＿＿＿＿＿＿＿＿＿＿＿＿＿＿＿＿＿＿＿＿＿＿＿

2.購買地點：

　　□書店，店名：＿＿＿＿＿＿，地點：＿＿＿＿＿縣市　□書展　□郵購

　　□網路書店，店名：＿＿＿＿＿　□其他＿＿＿＿＿＿＿＿＿＿＿

3.您從何處得知本書出版？

　　□書店 □報紙雜誌 □DM書訊 □廣播電視 □朋友 □網路書訊　□其他＿＿＿＿＿

4.您對本書的評價（請填代號 1 非常滿意　2 滿意　3 尚可　4 再改進）

　　書名＿＿＿　內容＿＿＿　封面設計＿＿＿　版面編排＿＿＿　實用性＿＿＿

5.您購買本書的主要原因（可複選）：□主題　□設計　□內容　□有實際需求　□收藏

　　□其他＿＿＿＿＿＿＿＿＿＿＿＿＿＿＿＿＿＿＿＿＿＿＿＿＿＿＿

6.您購書時的主要考量因素：（請依偏好程度填入代號1～7）

　　作者＿＿＿　主題＿＿＿　口碑＿＿＿　出版社＿＿＿　價格＿＿＿　實用＿＿＿　其他＿＿＿

7.您習慣以何種方式購書？

　　□書店　□劃撥　□書展　□網路書店　□量販店　□其他＿＿＿＿＿＿＿＿＿＿＿

8.您偏好的叢書主題：

　　□品飲（酒、茶、咖啡）□料理食譜 □藝術設計 □時尚流行 □健康養生

　　□繪畫學習 □手工藝創作 □蒐藏鑑賞 □ 建築 □科普語文 □其他＿＿＿＿＿＿＿

9.您對我們的建議：

＿＿＿＿＿＿＿＿＿＿＿＿＿＿＿＿＿＿＿＿＿＿＿＿＿＿＿＿＿＿＿＿＿＿＿

10.讀者資料

・姓名：＿＿＿＿＿＿　　　　　・性別：□男　□女

・電子信箱：＿＿＿＿＿＿＿＿＿＿＿＿＿＿＿＿＿＿＿＿＿＿＿＿＿＿＿

・居住地：□北部 □中部 □南部 □東部 □離島 □國外地區

・年齡：□15歲以下 □15~20歲 □20~30歲 □30~40歲 □40~50歲 □50歲以上

・教育程度：□碩士及以上　□大專　□高中　□國中及以下

・職業：□學生　□軍警　□公教　□資訊業　□金融業　□大眾傳播　□服務業

　　□自由業　□銷售業　□製造業　□家管　□其他＿＿＿＿＿＿＿＿＿＿＿

・月收入：□20,000以下 □20,000~40,000 □40,000~60,000 □60,000~80000 □80,000以上

・是否願意持續收到積木的新書與活動訊息：　□是　□否